沃土深耕

WOTU SHENGENG

——KEJI FUNENG XIANGCUN ZHENXING SHUZIHUA DIANXING ANLI JIAOBEN

——科技赋能乡村振兴数字化典型案例脚本

王剑非◎著

中国农业科学技术出版社

图书在版编目（CIP）数据

沃土深耕：科技赋能乡村振兴数字化典型案例脚本 / 王剑非著. -- 北京：中国农业科学技术出版社，2024. 10. -- ISBN 978-7-5116-7196-7

Ⅰ. S-49

中国国家版本馆CIP数据核字第 2024MM8693 号

责任编辑 李　华
责任校对 李向荣
责任印制 姜义伟　王思文

出 版 者 中国农业科学技术出版社
北京市中关村南大街 12 号　　邮编：100081
电　　话（010）82109708（编辑室）　（010）82106624（发行部）
（010）82109709（读者服务部）
网　　址 https: // castp.caas.cn
经 销 者 各地新华书店
印 刷 者 北京建宏印刷有限公司
开　　本 170 mm × 240 mm　1/16
印　　张 7.75
字　　数 125 千字
版　　次 2024 年 10 月第 1 版　　2024 年 10 月第 1 次印刷
定　　价 65.00 元

《沃土深耕——科技赋能乡村振兴数字化典型案例脚本》

特邀专家：	刘　霞	李　健	张士永	李　勃
	管延安	徐　冉	刘兆辉	郑　礼
	侯丽霞	张　宾		
制片宣传：	高　炜	马　倩	王功卿	于亚卉
	张　龙	石晨笑冉	高子恒	冯杲堃

序　言

2023年，著者主持山东省科普示范工程“山东省农业科学院科技赋能乡村振兴融媒体科普”项目。这个项目展现了对10个典型案例的深耕。从选题、确定专家、脚本撰写、田间拍摄、主持客串，到最终通过频道播出等每个环节，都凝结着项目团队每位成员的努力付出。

本书是对项目撰写农业视频脚本、设计拍摄镜头角度、引导专家讲授技术的完整记录。著者在拍摄过程中客串主持人、客串科研助理、客串航拍摄像等多种角色，在拍摄中与省级媒体主播、省农业科学院专家互动，共同丰富农业技术讲座的层次，吸引农民朋友的关注，让农民朋友在轻松愉悦的氛围中掌握农业新技术，充分了解山东省农业科学院最新的农业新成果。

融媒体科普视频在山东广播电视台广播乡村频道平台播出后，受众累计达到86.31万人次，社会影响力较大，获得山东广大职业农民的好评。

2024年1月，此项目的视频典型案例，从山东省1 000余个案例评选中脱颖而出，获评为“2023年度山东省数字化赋能乡村振兴优秀案例”，在山东省最终评选获奖的10个乡村振兴数字化案例中位列第一。

希望此著作对科研人员创作以及农民朋友拍摄自媒体剧本有所帮助。

著者从事农业科研工作26年，“爱农业，懂农业，服务于农业”一直是坚持多年的工作理念。为了更好地展示农业大田作物的科研成果，著者还通过了国家无人机驾驶员资格考试，持证上岗，在视频直播中展示的所有航拍镜头，全部由著者独立完成拍摄。

最后感谢一直奋战在农业科研一线的山东省农业科学院的专家学者们，他们热爱农业，热衷公益，热心服务农民并解惑答疑。

由于水平有限，书中难免有疏漏与不足之处，敬请读者批评指正。

王剑非

2024年5月

目　录

第一章　探寻盐碱地彩色玉米高产密码

第一节　彩色甜糯玉米脚本

（开场镜头景别：由近推远，适时插入航拍玉米大田镜头）

山东广播电视台节目主持人马倩：大家好，我是山东广播电视台节目主持人马倩，科技赋能，乡村振兴！今天我们的《田间课堂》首播来到了无棣县小泊头镇。从镜头里可以看到，此时此刻，我身后1 000亩[①]的鲜食糯玉米，正在陆续地收获中。

山东省农业科学院王剑非：大家好，我是山东省农业科学院农业信息与经济研究所的王剑非。8月21日，我们山东省农业科学院组织了省内外的专家，对我身后的这片盐碱地进行了测产，亩产穗率达到了1 563.66千克，创造了山东盐碱地鲜食糯玉米千亩方亩产的新纪录。

分镜头：近景拍摄无棣县玉米合作社高社长

马倩：春天白茫茫，夏天雨汪汪，十年九不收，这是过去的农业对咱们荒碱田的形象描绘，现如今在科技的加持下，昔日的荒碱滩正变为今日的米粮川。高社长您好，今年咱合作社承包多少亩地？咱种的都是什么品种的玉米？

高社长：今年承包了3 000多亩盐碱地、3 000多亩玉米地，有一部分是平常的玉米品种。鲁甜糯191种植了1 000多亩地，收益很好，比平常的玉米产量要高出几百千克。在盐碱地上种植玉米，一般的玉米品种

① 1亩≈667平方米，全书同。

亩产也就是400 ~ 500千克，而我今年选择的抗盐碱的甜糯玉米，测产已经达到1 500多千克。在盐碱地上种玉米，就是需要选择好的抗盐碱地玉米品种，选择好品种才能种出好庄稼来。

马倩：在种植的过程中遇到过什么困难吗？怎么去处理这些抗盐碱的问题？

高社长：我们针对盐碱地首选抗盐碱的有机肥料，然后再选择抗盐碱玉米品种——鲁甜糯191，这个品种非常适合咱们在盐碱地上种植。看到今年的测产后，我打算明年再多种几千亩的鲁甜糯191。

分镜头：镜头平视，摄像随机跟拍地里干活的农民

马倩：请问一下大姐，这块儿地是咱自家的吗？

农民大姐：我就是一打工的，自己家里也种了7 ~ 8亩玉米。

马倩：大姐，您感觉这甜糯玉米质量怎么样？

农民大姐：妹子，你尝尝，这玉米老好吃啦，老甜啦！

马倩：大姐，咱自家种的玉米跟这个鲁甜糯玉米有啥不一样的吗？

农民大姐：不一样，自己家种的普通玉米不好吃，我觉得这个鲁甜糯玉米连煮出来的玉米水都好喝。

马倩：大姐，您家里那几亩的玉米收成怎么样？

农民大姐：俺们自己家的玉米收成赶不上这块儿地里的，俺们的肥料也不行，也达不到产量，口感也不甜。

分镜头：田间科学小试验（镜头先平视再特写，混合运用）

马倩：刚才采访的高社长和村民都提到了盐碱地的问题，那么什么是盐碱地？它有没有什么样的范围？我们接下来有请科研小助理为大家详细介绍一下。

王剑非：下面，我给大家做一下这个田间小试验，现场测一下土壤pH值。首先我们需要到地里随机取一点儿土。

马倩：好的剑非姐，做这个试验对取土有什么要求吗？

王剑非：因为大家都已经知晓这块儿土壤就是盐碱地，我们在节目里的这个小试验，只是对土壤的盐碱进行验证。咱们先用玻璃量杯取1份儿的土，然后兑上5份儿的纯净水，最后用pH试纸来测试，这就是整个试验的过程。

马倩：5份的水、1份的土，比例是5：1吗？

王剑非：对的，我们先搅拌一下玻璃量杯，把它搅拌均匀，然后把pH试纸放进去，耐心等待一下，时间会告诉我们答案。大家可以观察到pH试纸颜色正在慢慢地发生变化，已经超过7的标准值，颜色也在加深，从而验证了这块玉米地属于盐碱地。

特写镜头：特写推进并展示pH试纸

分镜头：近景拍摄（无棣县玉米专家）

马倩：刘主任，刚才我们做了一个关于盐碱地的小试验。大家都非常好奇盐碱地的范围是什么样的？我身后的这块儿高产田是轻度、中度还是重度的盐碱地呢？

刘主任：无棣县的盐碱地属于滨海盐碱地，土壤含盐量一般属于中轻度盐碱地，pH值比较高，含量在千分之三左右，pH值在8.5左右。重度盐碱地的pH值会更高一些，盐碱程度达到4%以上，就称为重度盐碱地。

马倩：请您总结一下盐碱地改良的模式与方法有哪些？

刘主任：关于盐碱地改良的模式，我们探索总结了4个模式。一是选育耐盐碱的品种。二是使用调节土壤酸碱度的肥料，包括有机肥土壤调理剂。三是研发适合试验基地种植的农业机械。四是综合农业农机结合的模式，探索适合试验基地生产的一些新技术。原先我们的滨海试验田，土壤盐碱程度在千分之四以上，地上的植被主要是以芦苇为主。近几年，我们进行了科学的治理，抬高滨海盐碱地地面，增施有机肥土壤调理剂，使盐碱地pH值逐步地降低厌氧化程度，通过稀释盐分大水压碱，包括雨水淋洗，把盐分降到千分之二以内。

分镜头：近景平视拍摄（山东省农业科学院玉米专家）

马倩：从过去的盐碱荒滩到现在的米粮川，我们治理盐碱地进行了一个思路的转变，那么这个思路转变到底如何转变？接下来我们请玉米研究所的专家给大家介绍一下。

专家：大家好，我是山东省农业科学院玉米研究所的刘霞。盐碱地的综合治理思路跟之前相比有很大转变，之前的做法是通过改良盐碱地，让作物或者植物去适合在盐碱地上生长，我们现在的做法是去改良作物，选育耐盐碱的品种，或者说选育耐盐碱的品种来适应土地的需要。

马倩：思路转变后，在这一块盐碱地上我们做了哪些试验，又取得了哪些成果呢？

专家：我们在这块地儿上主要进行了耐盐碱的彩甜糯玉米的一个品种的展示示范和选育，这个时间跨度比较长。我们在这儿已经做了几年的试验，从最开始的时候，我们把初级试验或者是中级试验的100多个品种在这里进行田间筛选，鉴定出好的品种以后，我们再不断地扩大面积来试种。咱们身后的这块玉米地是第三年的试验了，今年的规模在1 000亩以上，种植的品种是我们所自主选育的鲁甜糯191。这个品种有非常漂亮的颜色，籽粒是白色和紫色相间的，随着籽粒玉米的成熟度不断提升，紫色就会越来越深，口感色相都比较好看。

马倩：看来我们这个思路转变还是比较成功的？

专家：是比较成功的，刚刚刘主任也讲过盐碱地其实不太适合种作物，普通玉米可能产量不高，但是经过我们对耐盐碱作物的筛选，选到了耐盐碱的鲁甜糯191品种，今年鲜穗产量达到了1 563.66千克，产量非常可观。

马倩：当年为什么要在这片盐碱地选育咱们的玉米新品种？

专家：当年选择这块地做试验，就是因为这块地一直不长东西，我们想给自己一个挑战，想看看能否在这样的一块盐碱地上种出我们的粮食来，这是非常有科研成就感的一件事儿。

马倩：选育适合盐碱地种植的玉米新品种经过了几年的筛选？

专家：时间很漫长，中间也经历过无数次的失败。我们种下三年的玉米，可能只有一年能成功，其中的两年都是失败的，玉米经常会长不出来。团队在盐碱地上已经做了10年的科研项目。

马倩：在这10年间有没有经历什么样的挫折，或者有没有想过要放弃？

专家：很多次都曾想过放弃，因为一年一年种下去，却什么都收获不到，有时候是长不出苗子，有时候是后期收获不到果实，感觉自己的付出好像没有收获，很多次都想放弃，但是最终靠着一种信念支撑下去，总觉着坚持到最后就是胜利。在研究盐碱地过程中，也会有很多有趣的事，例如，这片试验地旁边就是万亩林场，乌鸦出没得比较频繁，我们在播种的时候会经常遭到乌鸦的侵袭，为什么会侵袭我们？是因为播种的甜糯玉米，糖分含量比较高，人喜欢吃甜糯玉米，乌鸦也喜欢，尤其是在玉米幼苗的时候，幼苗有一种很特殊的香味或者是甜度，特别吸引这种黑乌鸦，黑乌鸦就会把玉米苗儿叼出来，然后再把苗儿吃掉。

马倩：怎么去解决乌鸦吃苗这个问题的？

专家：科研人员想了很多防范办法。一开始的时候会给乌鸦喂西瓜，吸引它，然后慢慢地从西瓜升级到喂猪肉，等到乌鸦连猪肉也不吃的时候，改成铺设人工网或者用声音调控，将乌鸦震跑。乌鸦和我们抢玉米苗，就是因为玉米苗儿非常香甜，在盐碱地上做科研工作，难度要比普通的地块儿大，因为会遇到各种状况，不仅仅是土壤当中的盐碱对玉米的危害，温度、湿度等各种环境的危害都会遇到。

马倩：当年为了能够成功地在盐碱地上种出玉米，您肯定做了不少试验，玉米品种也选育了不少吧？

专家：可以说每年玉米品种组合有成千上万个，然后从成千上万个组合中再不断地去筛选，一直筛选到适合盐碱地种植的品种。产量是一个最基本的要素，品质与综合性状是否优良，也是我们要考虑的因素。在这个过程中，耐盐碱的品种曾选出来很多，最后发现鲁甜糯191品种特别适合无棣的环境，或者说比较适合轻度盐碱地。需要注意的是，每个地方适合的品种是不一样的，玉米品种特性不仅跟盐碱土壤有关系，也受温度、光照、水分等各种因素影响。无棣鲜食玉米为什么会长得这么好？主要是当地的农机管理部门的品种推广到位，良种配良法非常重要，鲁甜糯191品种最终脱颖而出。

分镜头：近景推进，特写镜头展示玉米品种

马倩：咱们面前摆放的这么多的彩色玉米新品种，方便给普及一下小知识吗？

专家：好的，第一组红色鲜食玉米新组合花青素含量特别高，还未进行品种审定，个头不大，耐密植，产量也非常高，是下一步重点要推的一个品种。第二组黑色组合花青素含量也高，鲜食玉米可带着果皮吃，花青素都能被人体吸收，鲜食糯玉米非常有利于人体健康。我们平时吃一些去皮的水果，就吸收不到花青素。第三组黄色的水果玉米是可以生吃的，属于甜玉米品种。

分镜头：田间科普小试验（近景）

马倩：你看眼前这些玉米，刚才给大家讲的知识点也比较多，据说甜糯玉米口感很好，甜糯玉米到底有多甜？接下来请我们的科研小助理做田间甜度小试验。

王剑非：第一步准备好一台糖度测试仪。第二步把玉米粒去皮，然后将玉米汁液挤在糖度仪上，一般玉米的甜度会在10度左右，咱们今天测的鲁甜糯191甜度接近17度，甜度很高。试验很成功。

马倩：刘所长，咱们很多的玉米种植户也特别想种植甜糯玉米，他们需要注意什么？怎么样来种，您介绍一下可以吗？

专家：鲜食玉米在种植的过程中有几个事项需要注意，种的时候一定要隔离，隔离有两种方式，第一种是空间隔离，周围300米如果有普通玉米，就会串粉儿并影响甜糯玉米的品质。第二种是时间隔离，时间隔离的办法是错期播种，比普通玉米提前半个月或者是拖后半个月播种，防止花期相遇来实现隔离的目的。鲜食玉米生育期比较短，许多种植户会担心晚播15天影响它的成熟度，其实种植户们无须担心晚播，因为75～80天时，鲜食玉米就已经成熟。另外，需要注意鲜食玉米比较敏感，除草剂的选用一定要选高效低毒的。在鲜食玉米种植过程中尽量多施有机肥，因为有机肥对玉米品质比较好。最后要注意鲜食玉米需适期采收。采收晚，口感不好；采收太早，糖度上不来，风味达不到。其他没有什么特别需要注意的，鲜食玉米种植过程跟普通玉米一样简单。

马倩：未来您的研究方向是什么？

专家：我们的主要研究方向就是耐盐碱甜糯玉米的新品种选育及配套技术的研发，下一步我们主要关注耐盐碱鲜食玉米的种质创制以及配套技术的研发等，在这些方面做一些深入的研究。山东出台了一系列的配套措施，2023年专门设置了盐碱地的良种工程，在项目工程的支持下，我们后续会有一系列的储备品种研发。

马倩：我们都知道无棣这块土地上盐碱地的面积是非常非常大的，无棣盐碱地未来是怎么规划的？怎么样才能焕发它的生机？我们应该怎么做？

专家：无棣县在盐碱地的综合利用上也取得了一定的成绩，我们创造了盐碱地良田示范区，下一步我们将继续努力挖掘盐碱地的生产潜能，将粮食增产幅度每亩提升到50～100千克，减肥减药，实现每亩肥料成本在100元以下，增收在500千克以上，努力挖掘我们盐碱地的生产潜力。假如说我们一亩地能增产50～100千克，那么对整个的盐碱地提升是很大的，粮食增产幅度对粮食安全要起到更大的支撑。咱们山东盐碱地的总共面积在900万亩左右，除了滨州，东营、昌邑等地也有大面积的盐碱地，进行盐碱地的综合利用对保障国家粮食安全具有重要意义。

山东省农业科学院近年来一直在盐碱地上进行不断地探索，我们院也是国家盐碱地综合利用技术创新中心的筹建单位之一，在东营建立盐碱地产业技术研究院。这些年我们选育了一系列的作物品种，例如大豆品种齐黄34，玉米品种鲁丹510、鲁丹818以及今天的鲁甜糯191，如果我们能够加大技术的推广力度，让新品种、新技术更好地走进千家万户，让更多的老百姓去种植耐盐碱的品种，那么下一步对保障国家粮食安全，促进乡村振兴具有十分重要的意义。

分镜头：镜头由近景推至玉米大田远景

结束语：我国盐碱地面积大，种类多，分布广，是全球第三大盐碱地分布国家，开展盐碱地综合利用可唤醒沉睡盐碱地这一资源，对保障粮食安全、端牢中国饭碗具有重要意义。好的，朋友们，今天的《田间课堂》到这儿就结束了，期待下次与您相遇。

高产彩色甜糯玉米节目工作照片

第二节　甜糯玉米生产管理小知识

玉米缺氮

主要症状：幼苗生长缓慢，植株矮小细弱，玉米缺氮，茎秆纤细，叶片黄绿色。首先是下部老叶从叶尖开始变黄，然后沿中间叶脉伸展，叶边缘仍为绿色，最后整个叶片变黄干枯。这是因为缺氮时，氮素从下部老叶转送到上部正在生长的幼叶和其他器官中；缺氮还会引起雌穗形成延迟，雌穗不能发育或穗小粒少、产量降低。

易发条件：前茬未施有机肥或耗肥较大；一次性施肥，降雨多，氮被淋失。

矫正措施：施足底肥，有机肥质量要高，夏玉米来不及施底肥的，要分次追施苗肥、拔节肥和攻穗肥；后期发生缺氮症状时，可叶面喷施1%～2%的尿素溶液2次，每次间隔5～7天，每亩喷40～50千克。

玉米缺磷

主要症状：幼苗根系发育不良，生长缓慢，叶色暗绿，有的呈紫红色；严重缺磷时，叶尖及叶缘变褐色并枯死；如开花期缺磷，花丝抽出晚，雌穗受精不良，花粒；后期缺磷，粒重降低，果穗成熟晚。

易发条件：春玉米播种过早，若遇低温诱发缺磷；石灰性土壤有效磷含量低，且磷肥易被固定。

矫正措施：基施有机肥和磷肥，混施效果更好，也可施在前茬作物上；若发现缺磷，早期还可开沟追施过磷酸钙20千克/亩，后期缺磷时，及时追施水溶性磷肥，或用1%过磷酸钙溶液或0.2%～0.5%的磷酸二氢钾（每亩用量0.1～0.2千克）溶液进行叶面喷施2～3次，每次间隔一周。

玉米缺钾

主要症状：幼苗发育缓慢，叶色淡绿且带黄色条纹，植株下部的叶缘及叶尖干枯呈灼烧状。严重缺钾时，生长停滞，节间缩短，植株矮小，果穗发育不良或出现秃顶，籽粒淀粉含量降低，千粒重减轻，易倒伏。

易发条件：高产田中，高氮低钾；土壤雨水多，有效钾低；施用有机肥少，秸秆不还田等；水渍过湿诱发缺钾。

矫正措施：施足有机肥，高产地块加施钾肥；出现缺钾症状时，每亩追施氯化钾或硫酸钾8～10千克，生长后期可用0.2%～0.3%的磷酸二氢钾或硫酸钾进行叶面喷施，连喷2～3次，每次间隔一周。雨后及时排水，干旱年份多施钾肥。

第二章　探秘“好品山东”品牌——博山猕猴桃

第一节　猕猴桃脚本

（开场镜头景别：近景，插入航拍猕猴桃塔形架园区镜头）

山东广播电视台节目主持人小卉儿：大家好，我是山东广播电视台节目主持人小卉儿。科技赋能，乡村振兴，今天的《田间课堂》我们来到了淄博市博山区源泉镇。大家可以通过我们的镜头，感受这里独特的生态环境，好山好水孕育了口感香甜、爽口的博山猕猴桃。（**镜头由近推到周边环境**）

山东省农业科学院王剑非：大家好，我是山东省农业科学院农业信息与经济研究所的王剑非。源泉镇从2008年开始发展猕猴桃产业，种植面积已从最初的二三百亩，发展到如今的2万多亩，并成功跻身首批“好品山东”品牌名单之列。

山东广播电视台节目主持人小卉儿：作为江北地区最大的猕猴桃种植基地，博山猕猴桃究竟有何不同？源泉镇猕猴桃产业又是如何从无到有，由弱变强，成为乡村振兴与群众致富的支柱产业的呢？今天我们就从科技的角度探寻博山猕猴桃背后的故事。

分镜头：镜头追拍主持人，近景拍摄合作社员工采摘猕猴桃

互动环节1：合作社员工正在摘猕猴桃，随机采访合作社农民（镜头由远景推至近景拍摄果农）

小卉儿提问果农：您是什么时候开始种猕猴桃？猕猴桃园区种的猕

猴桃和过去相比有什么不同？

果农：已经在园区种植3～4年的猕猴桃了，这个园区比一般的猕猴桃园区透光度高。

小卉儿：果农在这里摘一天收入如何？

果农：每天能摘五六千斤[①]的猕猴桃，收入在八九十元。我们一般是上午在园子里摘猕猴桃，下午发货，发往全国各地。

互动环节2：主持人自己从树上摘下来就往口里放，被专家制止（镜头从主持人推到专家并平视拍摄）

小卉儿：我摘一个尝尝，看看好不好吃。

专家：小卉儿，刚摘下来的猕猴桃还不能吃。猕猴桃是呼吸跃变型的水果，它需要在糖度6～7度的时候，从枝条上摘下后熟。刚采摘下来时，猕猴桃的甜度很低，需要储藏一段时间，才可以食用。你刚摘下来的果子是由山东省果树研究所选育的本土抗寒品种——泰山1号猕猴桃。

分镜头：专家出场，自我介绍

专家：大家好，我是山东省果树研究所李健。我看今天采摘泰山1号猕猴桃的人特别多，大家评价也非常高，为什么这个品种好吃又受欢迎呢？我觉得大概有三点，第一，品种选得好，泰山1号抗寒，适应性广，酸甜可口，果肉翠绿，质细多汁。第二，博山山多水好，环境特别适合猕猴桃的生长。第三，咱博山农民勤劳，对果园管理比较到位，所以泰山1号猕猴桃会比较好吃。

小卉儿：您是从什么时候开始来帮助果农进行科技指导的？

专家：我是从2021年开始到源泉镇进行科技指导的。

小卉儿：刚到这个园区的时候也这个样子吗？

专家：刚来时，这个园区有不少问题，树干长得比较歪，然后有一定的冻害。

小卉儿：树干不能是歪的吗？

专家：主干歪是因为前期管理没有到位，所以会长歪。

---

① 1斤=0.5千克，全书同。

小卉儿：明白了，听说研究出了很多的品种，请您给农民朋友介绍一下。

专家：首先介绍的是泰山1号也叫博山碧玉，其次还有鲁猕1号、鲁猕2号、新猕1号等这些新品种还在审定中，后期我们也会向农民朋友们推广的。山东地区因为泰山1号种植面积太广，占90%以上，品种有点单一，造成猕猴桃果实的采摘期比较集中，对它的销售也有一定的影响，所以要进行猕猴桃新品种的选育及新品种的推广。

分镜头：田间科普小试验（镜头由远推至糖度仪特写）

小卉儿：园区的猕猴桃都已经成熟了，不知道它的口感和糖度如何？下面有请科研助理来测一下猕猴桃的糖度。

王剑非：我们今天准备做一个对比试验，先测一下小卉儿手里刚刚摘下来的未成熟的猕猴桃，看看糖度有多少？

我们先用水果刀切一块果肉，然后将果汁挤到仪器上，等待显示糖度。

小卉儿：测试结果显示未成熟猕猴桃的糖度是8.3度。

王剑非：我们再接着做一个成熟猕猴桃糖度试验。选一个提前用香蕉或者苹果催熟后的软猕猴桃，达到一捏感觉就爆汁的状态，我们现在也将果汁滴到仪器上，等待糖度显示，让科学告诉我们答案。

小卉儿：显示糖度是17.4度，比刚才未成熟的翻了一倍还多，未成熟的糖度测试是8.3度，请专家来讲讲为什么糖度差距这么大。

专家：因为猕猴桃是一个呼吸跃变型水果，它需要后熟过程，刚摘的时候，糖度其实只有8度左右，在储藏的过程中它会产生乙烯自我催熟，如果想早点吃到酸甜可口的猕猴桃，可以在猕猴桃箱子里放上几个苹果、香蕉，让苹果、香蕉释放出乙烯加速猕猴桃的成熟。

小卉儿：剑非姐，您刚刚品尝的是成熟的猕猴桃吗？

王剑非：对，我刚才尝了一个成熟的猕猴桃，酸甜的口感，特别好吃，欢迎朋友们都到博山园区来采摘猕猴桃。

小卉儿：的确像专家说的那样，酸甜的口感，确实好吃。大家正在收听和收看的是山东广播电视台乡村广播频道为您播出的《田间课堂》节目，现在正通过“直播三农”的微赞平台进行直播，如果您有猕猴桃种植管理的相关问题需要咨询，可以随时给我们留言。接下来我们采访一下园主。

分镜头：镜头近景平视拍摄合作社负责人

小卉儿：李总，我看到咱们猕猴桃果园占地面积有100亩左右，也看到园子里的果实结得都比较匀称，您有什么科技小妙招吗？

合作社负责人：主要是采用的科学管理方法，像塔形架、水肥一体化、园内生草、施有机肥、增加授粉树等都能起到一定的作用。还有最重要的就是疏果，只有每年都疏果，才能达到品质和产量的一个同步提升。

小卉儿：刚刚说了很多提升品质的方法，我听到“塔形架”的新名词，“塔形架”就是指我们头顶上像小伞一样的架子吗，这个是干啥用的呢？

专家：这是我们从新西兰学习来的一种新技术，主要是用来把明年的结果母枝牵引到上面去，下面的果实就可以充分地透风、见光、增加糖分的积累。另外就是明年结果母枝的花芽分化会特别好，为明年的增产增收起到一个很好的作用。

小卉儿：李总，我看园区土壤肥沃，您是施了很多的农家肥吗？

合作社负责人：对，园区基本是以施有机肥为主，有机肥投入在4吨左右，所以您现在看到的土壤基本上都是黑色的，土壤里面的有机质含量特别高。

再一个就是果园生草，果园生草不打农药，就让它原始状态地生长，草长高了以后，用碎草机把草打碎自然还田到地里，也是天然的有机肥。

小卉儿：园区生草的意义是什么？

专家：生草的意义，第一是保水保肥，夏季园区有草跟没草有很大差别。有草，可以10天左右浇一次地。没草，温度升高，两三天地皮就干了，所以园区生草可以起到一个保水保肥的作用。第二是夏天气温比较高，像太阳光直射，如果没有草的话，它直射到地面上，地面反射来的温度会很高，它会灼伤猕猴桃，园区生草起到保护猕猴桃的作用。另外就是可以碎草做有机肥。

小卉儿：现在果园生长得非常好，我知道李总刚开始做果园的时候也遇到了一些难题，是不是？

合作社负责人：对，刚开始也是交了不少学费，从一开始啥也不懂，到后来慢慢地去学习农业技术，包括到山西、四川等地去学习种植技术，回来总结并根据我们当地的品种特性，做一些改进改良，做塔形架、水肥一体化等技术改良，园区就慢慢发展起来了。

小卉儿：园区内有很多黑色的管子，这是做什么用的呢？

合作社负责人：这是园区铺设的水肥一体化设施。

小卉儿：请专家给我们介绍一下园区水肥一体化技术。

专家：水肥一体化设施，对施肥和喷水都是有促进作用的。水肥一体化对果实的追肥有很好的作用。刚才我们看到园区的腐殖质含量比较高，有机质含量比较高，就是因为它做到了施肥得当，追肥得当。咱们来看看这棵猕猴桃树上的这个位置，这是给果树做了一个环剥技术。

小卉儿：为什么要做猕猴桃树环剥呢？

专家：这是因为给猕猴桃树做环剥后，可以在不伤及猕猴桃树干的同时，割断韧皮部，阻断光合有机产物的向下运输，使其光合有机产物更多地积累在果实当中。木质部完好，果树能够从土壤中继续吸收水分和无机盐，参与果树的光合作用，光合作用产生的有机养分却不能传回根部，最后起到保果优果的作用。

小卉儿：您看咱们园区的设计很科学，您给大家来讲讲在猕猴桃种植过程当中，这种科技的力量能够对猕猴桃园区有哪些促进的作用？

专家：猕猴桃栽培技术，第一是起垄栽培技术，因为李总果园排水系统可能做的比较好，所以他没有起垄。猕猴桃果园栽培起垄的话，需要进行40厘米的起垄，然后两边宽1～1.2米，因为猕猴桃的根比较浅，它虽然喜湿、喜温，但是怕涝，一涝树就容易死，所以我们要进行起垄栽培，这是普通果农所要注意的一个问题，一定要起垄。

第二是果园生草技术，生草可以保湿，夏天的时候，园区温度不能太高，因为猕猴桃怕热，怕日灼，园区整体湿度凉爽。生草能保土保水。

第三是要进行水肥一体化科学管理。像猕猴桃生长到中期时容易缺钾，就可以加钾肥，如果需要施药的话也可以加药，都可以水溶加入。水肥一体化管理节约了人工成本。

如果天气炎热，我们可以打开雾化喷灌装置，它会起到一个稳定降温的作用。

小卉儿：原来小黑管还有这么多作用。关于果型方面，您看果子都比较周正，大小也差不多，是怎么做到的？

专家：主要是科学管理。这个园区疏花疏果做得比较好，开一遍花儿，就疏花儿一次，把弱花儿、病花儿疏一遍，然后再疏一遍果儿，疏果也是把弱果、小果和病果都疏掉，让更多的养分集中在需要生长的果子上，然后后面的肥水管理一定要跟上，猕猴桃喜欢大水大肥，但就是怕涝。

这个架型叫猕猴桃一干两蔓牵引分层，塔形架牵引的是当年生的枝条，然后我们选择了比较中庸的，不能选太强壮和太弱的枝条，这两种坐果率比较差，我们选择中庸的枝条进行一个牵引，把它牵引上去。冬天把结果枝直接输出，第二年再将牵引上去的枝条给拉下来，当作第二年的结果母枝就可以了。特别方便管理，虽然前期有一定的投入成本，但是后期会慢慢收益回来的。

小卉儿：关于这个猕猴桃园区的技术管理，您还有什么建议吗？

专家：园区的科学管理已经很到位了，唯一一个问题就是它还需要更多的品种，泰山1号虽然销售很好，但是品种比较单一，现在市场上有红心的、黄肉的，甚至还有软枣猕猴桃，大家需求得越来越多，所以我们需要更换一下单一的猕猴桃种质。

小卉儿：品种多样性也是为了满足更多消费者的需求，目前看这个园区技术方面是做得比较好了，但是在猕猴桃主产区的很多老园区改造也是一个非常重要的问题，老园区改造需要注意什么问题呢？

专家：老园区改造如果猕猴桃的主干没有病，很强壮，直接在主干上更换接穗就可以了，我们叫改接换头。

小卉儿：好的，大家如果有关于园区方面的改造，或者是猕猴桃种植方面的问题，也可以联系我们专家，当然也可以联系我们“直播三农”的节目组，我们会随时连线专家，像咱们这个园区是一个比较新的园区，可以这么说吗？

专家：山东的猕猴桃种植起步比较晚，现在山东整个猕猴桃有6万~8万亩，淄博的博山就占2万亩以上，种植的90%还是泰山1号猕猴桃。当地果园的一个结构组成，0~5年的果园占40%以上，5~10年的果园占40%以上，所以博山地区的果园是一个青壮年结构组成。

小卉儿：接下来，请园区的负责人来讲一下是否有新的园区计划？

园区负责人：下一步也是打算进行一些改良和改进。现在园区是100亩的猕猴桃，下一步准备引进一些新的品种，延长销售期。现在这一个品种的猕猴桃销售只能在9月，仅仅一个月的时间，后期准备种一些晚熟的品种，尽可能地把销售期延长到10月，甚至到11月，让消费者11月还可以来园区采摘我们的猕猴桃。

小卉儿：能给我们介绍一下园区使用了哪些有机肥吗？

园区负责人：园区主要施用有机肥，我们在当地联合一些大户，去承包一些养鸡场、养牛场的粪便，把鸡粪、牛粪全都收集过来，另外当地也有菌类种植，顺便把菌棒也都收集过来，然后进行一个复合的加工并发酵腐熟，在每年的4—5月把它们掺到一起，然后再到10—11月腐熟后撒施到地里。

小卉儿：每年园区施用几次肥料？

园区负责人：基本上一年两次施用有机肥，摘果时用一次，到5月猕猴桃萌芽的时候再用一次。

小卉儿：我看到园区门口有很多快递打包的物流，这是准备今天发送的货吗？

园区负责人：我们基本上都以电商为主，像抖音、京东、淘宝等，现在还包括微商，都是线上下单，我们就是早上采摘，然后下午打包发货，这样可以保证每一颗猕猴桃都很新鲜。我们一箱猕猴桃都是5斤左右，建议客户收到猕猴桃以后，可以把它分成3个小包装，第一份可以放到冰箱里面冷藏，第二份放在常温的袋子里存储，第三份在猕猴桃袋子里放个苹果或者香蕉密封，提前捂熟一下。先吃捂熟的，然后再吃常温下的，最后再从冰箱里面拿出来吃冷藏的，这样就不容易一下子全熟后造成浪费。

小卉儿：咱们每年的物流发货量能够达到多少？

园区负责人：我们现在基本上是线上物流发货。整个园区一年产量大概四五十万斤，线上销售70%左右，线下采摘30%左右。另外还有一些旅游团，包括我们当地的一些客户走访，都从我们这边儿订购。

小卉儿：听说2021年博山猕猴桃遭受毁灭性冻害，据说有50%的猕猴桃发生冻害，那么怎样才能提前做好预防或者后期管理呢？

园区负责人：预防冻害，我们通常会采取扎稻草烟熏的办法来预防。如果温度特别低，会提前在园区生火烟熏，升高园区温度，保护主干20厘米以下的部分。主干20厘米以下是比较容易发生冻害的，上面冻害的情况比较少，所以要保护好主干，另外刷白也是一个保护措施。

猕猴桃叶子3月底开始发芽并长枝叶，如果发生倒春寒，花芽就会被冻坏，当年的产量会马上降低，露天的猕猴桃园区预防倒春寒还是比较困难的。设施大棚猕猴桃可以预防倒春寒，其实就是大棚里面的猕猴桃在温室罩里生长。

小卉儿：猕猴桃的病害多不多？

专家：猕猴桃的病害还是比较少的，像南方主要种植红心猕猴桃，红心猕猴桃的病害就是溃疡病，现在山东也逐渐开始出现溃疡病苗头了。溃疡病根治很难，只能预防，所以要进行一个树体的管理，水肥跟上，抗病力自然就比较强了。

小卉儿：猕猴桃出现溃疡病的时候，农民能不能看出苗头来？

专家：猕猴桃主干会发现有裂痕，比较严重的会出现黄色的汁水，农民发现时其实已经晚了，病菌已经扩散繁殖，猕猴桃溃疡病只能以预防为主。

小卉儿：猕猴桃近年来深受大家的喜爱，在咱们山东地区什么样的气候和土壤适合种植猕猴桃？

专家：最好是像淄博这种有山有水能形成自己小气候的地区。平原地区其实不适合种植猕猴桃，第一风大，第二太阳光直射也比较严重，树势很难起来。像园区里的黑土地是最适合的，弱酸性高的有机质土壤非常适合猕猴桃的种植。

小卉儿：能通过土壤改良来改变土质吗？

专家：像这个园区，每年都会增施有机肥——腐熟的粪便等。打碎腐熟之后的秸秆、商品化的有机肥都是可以增施的。

小卉儿：有一些果树，会有一个用肥的时间，猕猴桃果树有吗？

专家：猕猴桃摘果后，需要追施有机肥。猕猴桃坐果期施肥，以钾肥为主，减少氮肥，这样管理果实甜度会更高一点。

小卉儿：采摘之后，像深秋或者是10月、11月，需要追肥吗？

专家：需要，离主干1米以上开沟施有机肥。因为猕猴桃根比较浅，如果施肥比较近，容易烧根。

小卉儿：节目最后，请您推荐一下适宜山东地区种植的猕猴桃新品种。

专家：通过我们前期的引种筛选，泰山1号去年进行了省林木良种审定，鲁猕1号、鲁猕3号等后续也会向大家展示。泰山1号种植太广泛，需要进行品种改良。从其他地区引进的猕猴桃品种，像金红50猕猴桃、龙成2号猕猴桃、长江1号猕猴桃也是比较适合的。美味系的猕猴桃在我们山东地区不太适合，因为冻害比较严重。

分镜头：结束语，近景平视拍摄两位主持人

小卉儿：好的，谢谢专家。下面有请《田间课堂》的科研助理——剑非姐。源泉镇通过猕猴桃产业助力了镇里的经济增长，并且今年还荣获全国产业强镇，博山猕猴桃也成为大家熟知的全国地理标志，农产品也成为了我们区镇的一道亮丽的名片。剑非姐，今天看到我们这个园区的猕猴桃的产业有什么感想吗？

王剑非：我觉得小小猕猴桃能发展成为2万亩的大产业，收入非常可观，我希望咱们山区的农民多种一些像这样经济价值高的果树，获得收益多多，赚得盆满钵满。

小卉儿：好的，剑非姐还有一个非常重要的任务，她作为搭建我们园区园主、种植户、专家桥梁平台的联络员小助手，也希望有更多的专家能够与我们农户携起手来，助力产业发展。我们今天的《田间课堂》到此就要结束了，大家也可以关注我们官方的微信公众号，山东乡村广播，或者到咱们《田间课堂》的直播里与我们随时互动交流，我们将会继续请专家走向田间地头，为大家带来更多精彩的《田间课堂》。

王剑非：在技术的加持下，猕猴桃已经成为源泉镇实施乡村振兴战略的重要抓手和发展平台。我们山东省农业科学院的专家也将持续服务在生产一线，助力“好品山东”品牌农产品塑造。

好的产品，好的营销，连续举办的猕猴桃采摘节，不但打响了博山猕猴桃品牌，还辐射带动了当地的旅游、餐饮等行业，通过行业间的互相带动，为群众共同致富和区域乡村振兴注入了一支“强心剂”。

今天的《田间课堂》就到这里了，感谢您的收看。如果您有猕猴桃种植管理的相关问题，可以继续给我们留言，我们都会关注到并为大家进行解答。

博山猕猴桃园直播合影照片

第二节　猕猴桃生产管理小知识

主要品种

泰山1号：果实椭圆形，表面短毛而不易脱落，平均单果重90克。果肉翠绿色，果心小，肉质鲜嫩可口、汁多，且具有浓郁清香，口感好，余味浓。抗寒性强，适应性广，适宜在山东及附近地区推广种植。

鲁猕1号：抗寒性强、丰产、果肉黄色、香气浓。树势中庸，果个大，平均单果重90克，果实长圆柱形，果顶尖，果皮浅褐色，果肉黄色，可溶性固形物含量18%，具有特殊香气。9月中旬成熟，丰产性非常好，抗寒性强，适宜在山东地区推广。

长江1号软枣猕猴桃：8月中下旬成熟。平均单果重20克，最大46克。组培苗根系发达，生长势强，抗病性强。果实风味浓郁，适宜鲜食。商品性能好，具备连续结果能力，产量高。

金红50：果实圆柱形，端正、整齐、一致，果皮光滑，脐顶微凸、圆顿，丰产。平均单果重104克，最大单果重164.3克，沿果轴的子房呈红色放射状，肉色淡黄，甜度高，果味细腻。可溶性固形物含量17%～20%，干物质含量18%～21%；树势强健，叶片厚而黑，耐高温，耐干旱，抗病性与适应性强。

修剪技术

猕猴桃夏季雌株修剪：春季抹除砧木上萌发的芽；抹除主干和主蔓三角区、主蔓大伤口、锯口处潜伏芽发生的萌蘖；主蔓上萌发的潜伏芽根据需要保留可培养为预备枝的芽；对并生芽、三生芽应选留1个壮芽；抹掉结果母枝上过弱芽、过密芽、畸形芽、病虫芽，平均芽距10～15厘米。

7月中下旬，疏除内膛发育枝，疏除细弱枝、过密枝、病虫枝、双芽枝及不能用作第二年更新枝的徒长枝等，每个主蔓两侧选留发育枝3～4条，培养成为第二年结果母枝，将其牵引上架并固定。开花前，在强旺结果枝花蕾上部留3～5片叶摘心，摘心20天后抹除萌发的二次芽。发育枝长至行距一半时摘心，摘心后萌发的二次枝长至约20厘米时留3～5片叶第二次摘心。

猕猴桃夏季雄株修剪：谢花后及时修剪，疏除当年开花枝。在主蔓、靠近主蔓的侧蔓上选留生长健壮、方位好的新梢，培养新的花枝。按架势整理树形，枝条均匀分布于架面。

猕猴桃雌株冬季修剪：冬季修剪在休眠期进行，以在11月底至第二年1月为宜。主要是疏除无用枝条和需要更新的结果母枝。结果母枝的更新借助牵引分层的枝条，将当年结果母枝疏除，同时下拉牵引的营养枝，固定并绑枝。未留作结果母枝的枝条，如着生位置靠近主蔓，留2～3个芽培育为下年更新枝，其他枝条全部疏除。

猕猴桃雌株冬季修剪：主要疏除枯枝、纤细枝，剪截掉发育枝顶部纤细部分，以及病虫枝、过密弱枝、不必要的徒长枝。

储藏方式及乙烯浓度控制

猕猴桃储藏方式：储藏方式分为普通冷库储藏和气调库储藏，储藏博山猕猴桃库温控制在（0.5±0.5）℃，空气相对湿度90%～95%；气调库储藏O_2和CO_2浓度分别控制在2%～3%和3%～5%，乙烯浓度≤0.1微升/升。博山猕猴桃普通冷库适宜储藏期为30～60天，气调库适宜储藏期为90～120天。

猕猴桃贮藏乙烯浓度控制：可采用通风换气、使用乙烯脱除剂或除乙烯装置等来控制库内乙烯浓度。通风换气一般在晴天或气温较低的夜间进行，通风换气时间以换气风机流量为依据，每次达到库内气体完全置换，换气过程中库温波动不超过3℃。

第三章　盐碱地上建起“新粮仓”

第一节　盐碱地水稻脚本

（开场镜头景别：近景，镜头由近推远，混合运用）

山东广播电视台节目主持人马倩：大家好，我是山东广播电视台节目主持人马倩，科技赋能，乡村振兴，今天我们的《田间课堂》来到了东营。

山东省农业科学院王剑非：大家好，我是山东省农业科学院农业信息与经济研究所的王剑非。

山东广播电视台节目主持人马倩：大家可以通过我们身后的镜头感受到很壮观的现场，因为千亩稻田即将收获。我们和大家即将开启一段美食之旅，带领大家到东营的盐碱地上寻找好吃又美味的大米。今天和我们在一起的专家是山东省农业科学院湿地农业与生态研究所的张士永研究员，现在请跟着我们一起走近张老师。

分镜头：水稻田近景平视采访人物

剑非：张老师，您这会儿在稻田里忙什么呢？

专家：有一段时间没来试验田了，今天特意来看看我们水稻长成什么样子了，今年我们在这里安排了一个新品种试验——圣稻RS15。

马倩：这块地里种的是什么品种？请张老师给我们的农民朋友介绍一下。

专家：这个是我们团队这几年刚刚育成的一个抗性淀粉新品种，圣稻RS15，这个品种它主要是抗性淀粉含量能够达到2.96%，比普通品种高1倍以上。这个新品种如果从外观上看，跟别的品种没有什么差别，它的差别是内在的这种差异，它是用云南高山上的一个水稻品种，和我们本地的一个品种杂交选育而成的。经过我们院和浙江大学的检测，抗性淀粉含量达到2.96%。圣稻RS15通过营养学方面试验发现，它的升糖指数比较低，比方说我们普通大米的升糖指数是82、83，但是它的升糖指数只有59，这是我们感到很欣慰的一个研究进展。普通大米里面的淀粉进入人体内以后变成葡萄糖，使人血糖升高比较快。圣稻RS15淀粉结构一种螺旋结构，进入人体后，淀粉酶一时半会切不开螺旋结构，然后从胃—小肠—大肠，螺旋结构淀粉反而能够丰富肠道菌群，增加胃肠的蠕动，特别是对老年人便秘问题有好处。

马倩：张老师，我从隔壁稻田里拔了一株水稻，你给我们说一说这两个品种有什么区别吗？

专家：从外观上看，这是另外一个高产的水稻品种叫瑞农303，它比圣稻RS15产量要高，穗子要大一些，另外它成熟要快。圣稻RS15可以给一些特殊人群食用，可以用来进行深加工，整体的效益应该能超过现在的品种。

马倩：孙大哥，您一直在看地里的情况，您种植这个品种的水稻多长时间了？

农户：这个品种头一年试种，抗盐碱能力很好，抗倒伏能力也不错。

马倩：您这块盐碱地，盐碱情况很重吗？

农户：这块儿比别的地方都重，这个季节还看不出盐碱情况，每年种水稻能看出地是比较碱的，今年水稻长势都不行，别的地长势更差，这个品种长势目前看很好。

马倩：怎么想到种这个品种的？您和张老师之间有什么故事吗？

专家：2006—2008年，我们有一个新品种叫圣稻560，第一年的时候，我从海南把种子用快递寄给了孙老师，他种的水稻产量就到了700千克，当年就有一个非常大的提高。

圣稻560在东营这个地区种植了六七年的时间。圣稻RS15是2018年定的型，在试验地种植的过程中，发现它耐高温能力稍微弱一些。

东营有两个好处，一是整体的生态环境比较好。二是靠海，升温或降温比较平缓。另外这个品种从生长的特性来看，跟圣稻560比较，它有很多相似之处，所以我们就想到这儿来做试验。

第一年，在东营孙老师选择撒播种植七八亩地进行水稻试验，另外的试验点儿选择机插秧种植20亩，后来发现这个品种的长势比预期的还要好一些。第一年先保证正常成熟，不倒伏，基本做到了。

马倩：孙大哥，我看您刚才一直在看穗子，您关注它的哪些方面？

农户：我在观察授粉和灌浆后有没有出现瘪籽，张老师说这个品种不耐高温。目前看稻田里没有出现瘪籽，意味着今年产量还不错。

专家：我们主要采取轻简化、智慧化的种植模式，力争做到少施肥，少打药，通过高品质来实现效益，我们不去跟别人拼产量，拼价格，主要针对特异人群进行科学研究，这样既能造福社会，也能实现相应的经济效益，是经济效益和社会效益的统一。

在海南育种试验的过程中，我们发现无论是什么样的土壤，它适应能力都比较强。

另外，我们课题组最早育成的圣稻560，还有后来育成的圣稻2620，这两个品种在东营种植面积都比较大，水稻品种特性对比试验中发现圣稻RS15有非常多的相似之处，说明圣稻RS15具备一定的抗盐碱性。

马倩：如果农民朋友要种这个品种，在环境以及种植技术方面需要注意哪些方面？请专家来做一个技术小盘点。

专家：今年这个品种8月6日就已经抽穗了，这段时间的温度非常高，现在看结实率已经超出我们想象。根据今年这种情况，明年还可以再晚种5～7天，抽穗太早，温度高，风险会增大。在病虫害方面，跟其他品种也没有很大的差别，整体看抗倒伏性较强，等过上一段时间，如果冷空气来了以后，它的优势就会体现出来了。采取机插秧的时候，产量还能增加100千克。

转换新场景：近景拍摄彩色水稻田基地，插入航拍水稻田镜头

马倩：大家好，我是山东广播电视台节目主持人马倩。

王剑非：大家好，我是山东省农业科学院农业信息与经济研究所的王剑非。

马倩：此刻我们的节目正在通过“直播三农”的微赞平台进行直播，如果你有水稻种植方面技术问题的话，也可以随时给我们留言，接下来我们的镜头将跟随张老师到这块彩色的水稻田里去看一看。

专家：紫色水稻的特点是什么呢？普通品种的糊粉层只有一层，但是紫色的糊粉层有3～5层，这个糊粉层增厚以后，它营养物质就发生了很大的变化，我们通过检测，发现紫米里面的膳食纤维，还有微量元素、维生素都有了比较大幅度的增加，有的甚至增加了3～5倍。

我们现在的人好多在营养方面存在的一个隐性饥饿的问题，平时吃饭后觉着胃里填充满了，实际上我们吃的是碳水或者蛋白质居多，但是相对来讲，像膳食纤维、微量元素、维生素这些摄入量不足，所以科研单位通力合作，从2012年开始研究这个紫米品种，用了七八年的时间稳定了这个品种。

2022年亩产达到了320千克，它的出米率达到72%，虽然产量不如白稻，但是像黄酮类的物质是普通白米的3～4倍。

马倩：紫米与普通水稻相比的话，种植有没有什么难题，咱们怎么解决的问题？

专家：紫米的特点就是和普通水稻相比，施肥量不宜过大，因为施肥量过大以后，它叶片发育非常大，非常好，将来有可能收一地草，而成穗率却很低。这个品种不适合旱直播和撒播，只能用于插秧育秧。

针对紫米厚粉层加厚以后，出芽率非常低的问题，首先就是在种植之前，直接把稻谷磨成糙米，然后用两种方式来育苗，一个采用碟盘暗室育苗技术，或者直接采用硬地硬盘育苗技术，到后来出芽率都可以很高。

马倩：请您预测一下彩色水稻发展前景？

专家：随着人们生活水平的提高，特别是对营养健康意识的增强，彩色水稻通过标准化、规模化种植，产量大大提高，大家了解到彩色水稻的营养成分，一定会去积极购买，前景应该是比较好的。

马倩：好的，谢谢张老师，藏粮于地，藏粮于技。如今越来越多产量高、品种好的耐盐碱作物被研发成功了，昔日的黄河三角洲盐碱地，正华丽变身成一片沃土，成为一片沃野良田。

转场到稻米加工厂，参观稻米加工过程，了解稻米产品，观赏稻田画

第二节　水稻生产管理小知识

种植水稻一般需要的环境条件

水稻喜高温、喜湿，但是对土壤要求不算太严格，像酸性土、弱碱性土、盐碱土都能够种植。但是盐碱土种植，需要把土壤的盐分降到适合水稻生长的条件。水稻发芽一般到10℃以上就可以进行，最适的温度在20～32℃。整个生育期，温度一般在30～35℃是最适宜的，超过40℃水稻开花就会受影响。

水稻冬前秸秆还田技术

秸秆粉碎：水稻机械收获后，要求留茬高度在8厘米以下，秸秆粉碎至5厘米以下。留茬过高、秸秆粉碎达不到要求时，应采用秸秆粉碎效果好的打茬机进行秸秆粉碎作业。秸秆粉碎长度合格率≥85%。粉碎后秸秆应均匀抛撒，严防堆积。

施用秸秆促腐剂：秸秆粉碎后，将尿素及时均匀地撒到秸秆上，并及时翻耕入土。以每100千克秸秆施纯氮1千克为宜，秸秆重量可按谷草比1∶1估算。建议施用秸秆腐熟剂，秸秆粉碎后与尿素混合后施用。秸秆腐熟剂应选用正规厂家生产的，秸秆腐熟效果好的产品，施用量按说明书要求操作。

及时耕翻：中度和轻度盐碱地（全盐含量≤3‰）秸秆粉碎后直接翻耕，耕深25～30厘米，翻垡均匀，扣垡平实，不露秸秆，覆盖严密，无回垡现象，不拉沟，不漏耕。重度盐碱地（全盐含量>3‰）秸秆粉碎后旋耕1～2遍，不扰乱地表耕作层，减少返盐。

水稻种植前后配套技术

淡水压盐洗碱：新开垦的重度盐碱地，4月下旬至5月上旬灌水洗盐压碱7～10天，盐碱重的地块洗盐碱1～2次，使含盐量降至3‰以下。洗盐后含盐量高于2‰的宜采用移栽种植。

施足基肥：结合耙地，每亩施磷酸二铵20千克或复合肥30千克左右，也可在播种时用种肥一体播种机将化肥施入。盐碱重的地块洗碱整平后施入化肥。

翻耕平地：撒施基肥后随即旋耕，耕深15～20厘米，耙透耢平后保墒待播。盐碱重的地块洗盐施肥后，可用水耙耙透耢平，等待移栽。

插秧晚的稻苗管理

对于因水源问题等造成插秧晚（7月插秧）的稻田，一是减少晾田时间，未达到预定的穗数可以不晾田，以延长有效的分蘖时间；二是减少幼穗分化肥的施用量，8月1日以后不再追施氮肥，以免造成贪青晚熟；三是抽穗扬花期和灌浆期可补施一定量的钾肥和硅肥，以促进水稻灌浆，提高籽粒饱满度。

第四章　阳光玫瑰葡萄是怎么种出来的

第一节　阳光玫瑰葡萄脚本

（开场镜头景别：近景跟拍并适时插入航拍园区镜头）

山东广播电视台节目主持人马倩：大家好，我是山东广播电视台节目主持人马倩。

山东省农业科学院王剑非：大家好，我是山东省农业科学院农业信息与经济研究所的王剑非。

山东广播电视台节目主持人马倩：科技赋能，乡村振兴，今天我们的《田间课堂》来到曲阜尼山生态农业科技有限公司。剑非姐，我们今天是来避雨的吗？还是来采摘葡萄的？都不是，今天将跟大家聊一聊关于阳光玫瑰葡萄科学种植技术方面的知识。下雨了，我们先找个大棚避雨吧。

山东省农业科学院王剑非：马倩，前面那位学者好像是山东省葡萄研究院的李勃院长。

分镜头：近景平视拍摄（第一年葡萄避雨大棚）

马倩：您好，李院长，这会儿雨下得有点儿密集了。

专家：两位主持人，不仅你们需要避雨，葡萄也需要避雨。

王剑非：您好，李院长，这座葡萄大棚里怎么没看到葡萄结果呢？

专家：因为这个棚里是第一年定植的苗木，第一年是没有葡萄生产的，所以看不到葡萄很正常。但是，你们看到眼前的这棵葡萄树似乎又像长了好多年一样的，是不是？

马倩：对，这棵树外形好像是挺茁壮的。

专家：其实它是第一年定植，属于幼树。

马倩：我看到这个基地葡萄棚很多，基地大概种了多少亩葡萄。

专家：这个葡萄基地总面积是200亩，园区面积去掉工区路，大概有160亩的葡萄种植面积。

马倩：160亩都是种植的阳光玫瑰葡萄吗？

专家：基地以种植阳光玫瑰葡萄为主，其他一些葡萄品种为辅，网红葡萄品种——阳光玫瑰种植面积在90%以上。

马倩：刚才外面下着大雨，您招呼我们到葡萄棚里来避雨，您提起避雨，让我想起葡萄也有避雨生根技术，是不是？

专家：对的。避雨不只是咱们人类的一个基本需求，葡萄也是需要避雨。为什么呢？因为葡萄的病害传播条件一定是通过雨水来实施的，特别是山东有一个非常典型的雨热同季气候特点。

7—9月是葡萄果实成熟的时候，无论是早熟、中熟还是晚熟品种，只要一进入成熟期，然后就开始下雨了，大量的雨水，可以造成葡萄孢子病原菌迅速传播，山东进行避雨栽培是非常必要的。

马倩：避雨生根的技术是近几年才实行的吗？

专家：山东是葡萄的优势产区，因为北方降水量相对南方较少，山东的葡萄在全国整个产值属于前三位。后来随着避雨栽培技术的发展，南方葡萄产业发展越来越蓬勃，山东的葡萄产业就有所下降。近两年，山东把避雨栽培技术作为一个主推技术，通过葡萄避雨技术的推广又扭转了山东葡萄发展的一个劣势。所以说通过避雨栽培技术推广，山东现在的葡萄产业也是蒸蒸日上了，将来发展的潜力也是越来越大。

马倩：葡萄避雨栽培技术，您说有很多的技术优势，农民朋友也很关注，他们想咨询避雨栽培技术投入的成本高不高？回报率怎么样？

专家：不仅是农民朋友关注成本问题，我们科研工作者们也非常关注，因为这些技术成果能不能顺利推广，主要取决于社会效益的判定。我们做了一个推算，通过避雨技术的实施，生产成本有大幅的下降，人工成本包括防治病虫害的成本，过去葡萄栽培一年，打药的次数能到12

遍以上，通过葡萄避雨栽培之后，打药仅6～8遍就可以解决了。

首先是农药成本的降低，其次是人工成本的降低，然后是生产成本，通过葡萄避雨栽培技术与露地栽培相比较可以降低30%以上成本。每年的日常管理成本降低30%，如果通过长期的效益计算，效益增长是非常可观的。

通过避雨栽培技术，葡萄产量稳定，避雨后的坐果率稳定，每年可以达到丰产、稳产。避雨之后的裂果、病虫害发生非常少，优质果率能提高到90%以上。

优质果率的提高可以大大增加它的效益。通过葡萄避雨栽培之后，葡萄着色、糖分、香气都有所提高，每斤的售价能提高1～2元，如果是阳光玫瑰葡萄精品果售价还会翻番。

据统计成本核算收益，在第二年、第三年基本就能收回成本，避雨栽培技术虽然看上去前期投入比较高，但是通过长期的经济概算，收益比原来的露地栽培要高很多。

马倩：避雨栽培技术确实增加葡萄的产量，病虫害有效减少了，当地种植户特别喜欢这项技术是吧？

专家：最近这些年，大家对食品安全的关注度越来越高，大家不光要吃得饱而且要吃得好，特别是水果作为一种非必需品来讲的话，只有它更安全、更美观、更味美才能够吸引消费者。

对葡萄来讲的话，通过避雨栽培，葡萄的果品安全性得到了大大提高。生产绿色有机葡萄更加容易，所以通过葡萄避雨栽培技术，也是促进食品安全的一种全面发展。

这个大棚是今年3月开始建的，3—9月葡萄才生长，仅仅6个月，葡萄的地径已经长到2厘米以上。

王剑非：第一年的葡萄藤为什么会长这么粗壮？

专家：我们是按照高标准、高要求建园。第一，进行土壤改良，施用大量的有机肥，特别是土壤比较稀薄的地方，要求1亩地要用15～20吨的有机肥，实现一次性改良，长期受益，对于植物生长作用是非常明显的。第二，一定是良种苗木、高标准苗木建园，我们建园的苗子基本都是嫁接苗，根系非常旺盛发达，苗木的标准是非常高的，必须高标准苗木建园。第三，要加强肥水管理，前期是以大肥大水为主，以高氮的肥料为主。第二年的丰产不是看苗木数量多少，而是看新梢量的多少来进行衡量。

所以通过土壤改良，标准苗木建园，加强肥水管理，能达到这种第一年建园、第二年丰产的目标。

王剑非：李院长，您看这棵葡萄的根部与葡萄藤粗细差不多，是怎么达到这种标准化种植的。

专家：葡萄跟其他果树不太一样，这属于主干，这属于主蔓，因为葡萄树体增长速度快，所以我们就利用副梢进行培养，结果母枝就是主蔓，培养主蔓的同时，我们要促进这种副梢的生长，加强肥水促进复合的长势，我们要通过摘心这种措施来促进它的花芽分化，前促后控达到花芽顺利分化的目的。

通过充足的养分达到咱们生产工厂化的要求，保证主干、主蔓一致。

分镜头：镜头转换跟拍第二年丰产葡萄大棚场景

马倩：李院长，您看前面这么多棚，这是什么棚？

专家：两位主持人，请到棚里来看一下，我给你们介绍一下。

马倩：剑非姐，终于见到葡萄了。刚才咱俩还在讨论什么时候能品尝到葡萄呢，因为在第一个定植大棚内我们并没有看到葡萄，请问李院长，这是第几年的大棚？

专家：这个大棚是2022年春天定植的，这属于第二年的丰产大棚。

王剑非：这些葡萄长得太漂亮了。

专家：这是非常正常的一种现象，对你们来讲的话，有可能颠覆你们的认知，但是从科研团队来讲，这是正常的一个程序，就是第一年定植，第二年丰产，这是我们的目标。

马倩：葡萄长的大小形状都非常一致，剑非姐，快摘一个，咱们品尝一下糖度如何？

专家：葡萄都是上面先熟，下面后熟，建议你俩还是摘最底下的葡萄粒，如果底糖能到17～18度的话，顶糖基本就能到22～23度，所以这一整穗儿的品质都是非常好的。

王剑非：很甜，底下这颗葡萄感觉含糖量也比较高。

专家：对，比较甜。如果底粒含糖量已经非常高的话，果尖部位更甜，而且它的香味儿很浓郁。

王剑非：我再替大家尝一下果尖的葡萄，这样上面与下面的口感有个对比。对的，感觉顶上这颗更甜。

专家：果尖甜度、香气应该比底部的感觉都要好，采摘的标准就是以底部为标准，糖度只有到17～18度，我们才开始采摘，从这个基地里出去的果品都是高标准的优质果。

马倩：这个棚也是采用葡萄避雨生根技术，是吧？

专家：跟刚才咱们看的定植棚是一脉相承的，为什么能生产出这么优质的果品，跟我们这种配套技术是分不开的。

首先我们从土壤管理来讲的话，第一年改土，1亩地施用20吨有机肥，整个土壤管理还是采用这种生草制，通过生草制能降低成本，更重要的是能改善土壤团体结构，增加有机质，防止它的日灼。土壤是我们产生好果子的根本。另外葡萄的花、果管理都是标准化的。

其次每年春天的时候进行疏花。一个结果枝，单枝、单穗都不是以追求产量为目的的，而是以追求高效为目的，基本产量就是1亩地1 500～2 000千克，每个结果枝只保留一个花序，花序进行标准化的管理。

每穗有60粒左右果粒，这样就可以保证每穗在1斤半左右。不仅仅是阳光玫瑰葡萄，其他品种葡萄标准化的管理方法都是将来实现优质高效葡萄产量的一个前提。

另外对于养分的配比，科研团队经过严格的试验，包括氮、磷、钾的比例及施肥的时期，特别是钙肥，咱们传统的认知，一般是以氮、磷、钾三大元素指数为主，我们经过研究发现钙肥是葡萄当中非常重要的一种元素，可以当作大量元素来进行管理，防治裂果、增加果实硬度，还包括防治一些其他的病害，钙肥都起到一个非常关键的作用。

马倩：李院长，第二年丰产棚里的枝干比咱们第一个棚要粗了很多，这也是因为钙肥的原因吗？

专家：这是一个综合的因素，不只是钙肥。第一年的果实枝条它只是作为培养结果母枝，第二年它是从结果母枝发出来之后，结果枝的营养更加均衡，长势更加好，加上果实的这种负载，它就可以使生殖生长和营养生长达到一个更高的平衡，更加地稳定，更加能体现葡萄表面的那种风味儿。另外还有综合的病虫害防治措施。

马倩：葡萄病虫害的防治措施？

专家：绿色防控，安全高效生产。通过葡萄避雨技术之后，整个农药的使用量能减少50%以上，通过大数据分析，分析病虫害的发生规律，团队总结了一套轻简化、低成本的病虫害防治规程，基本上每年6遍药就可以把所有的主要病虫害防治住了。

所以在这种高标准苗木选择基础之上，再配套高标准的管理规程，就可以实现葡萄的高效生产。

王剑非：我感觉今天特别应景儿，棚外尽管秋雨绵绵，但是棚内的葡萄藤下却很干燥，葡萄长势也特别喜人，我觉得避雨技术真是很棒。

专家：感谢媒体工作者对新品种、新技术的推广宣传。所有的技术成果，离不开广大科研工作者的辛勤努力付出，我们特别愿意把好的技术带给农民朋友，让农民朋友学到好技术、好的经验并获得丰产。阳光玫瑰葡萄产业发展应该会越来越好，它能满足广大人民群众对美好生活需求的愿望。随着生产力的发展，随着人民群众对美好生活需求的提高，我们还有更高档的模式，采摘加工也是全产业链中的一种模式。

分镜头：镜头转换拍摄连栋葡萄大棚场景，插入无人机航拍园区视频

马倩：李院长，请介绍一下我们转场来到的第三个葡萄大棚情况吧。

专家：两位主持人好，第三个大棚是葡萄连栋棚，连栋棚里边的科技含量更高，如果丰产棚是1.0的话，连栋棚就是2.0，请颜总给大家介绍一下连栋棚的特点。

马倩：颜总，您好！连栋棚里的葡萄结的是一串儿又一串儿，满棚丰收的景象。

基地负责人：两位主持人好，为了保证阳光玫瑰葡萄的品质，葡萄大棚控制亩产在1 500千克左右。您看地上有好多孔洞没有？这就是蚯蚓。去年大约用了20吨蚯蚓粪来改善连栋棚里的土壤，土壤里面有机质的含量还是比较高的。

马倩：土壤情况特别好的情况下，蚯蚓才会比较多，是吗？

基地负责人：对，阳光玫瑰葡萄有个特点，有机质含量比较高才有香味，香味转换，必须要大量有机质，基地每年要使用黄豆，利用有机质来改善土壤。一亩地只种20多棵葡萄树，阳光玫瑰的口感、香味都特别棒。

马倩：刚才李院长讲到，如果前面两个棚是1.0的话，现在这个是2.0升级版，除有蚯蚓之外，我想问一下葡萄颜色是越绿的好，还是越黄的好？

基地负责人：绿的、黄的葡萄都很好，关键是要保证葡萄的品质。用绿色套袋，葡萄绿色的多一些，用黄色套袋，葡萄黄色的多一些，颜色不是太重要，关键是口感要香、脆、甜。

马倩：尝了一粒儿很香、很脆、很甜，味道确实很好。

专家：葡萄大棚基本实现肥、水、气候环境的自动化控制，铺设灌溉设施，滴灌可以保证肥水一体智能化供应。喷灌的作用，大家可能不太了解，为什么有了滴灌还需安装喷灌呢？喷灌主要是调节空气的湿度，葡萄不同的生育发育期，对湿度的要求也不一样，通过大数据的采集信息化决策，控制湿度，包括温度、二氧化碳浓度，完全可以实现自动化控制。丰产葡萄大棚，适合大规模的生产，低成本投入。高端的大棚，除颜总讲的高品质的产量管理，品质控制之外，还进行了整个生态环境的控制，通过这种内在、外在综合因素的协调，实现阳光玫瑰葡萄高档果品高效益的价值。

马倩：我们看到大棚的科技含量相当高，不仅安装了滴灌、喷灌，另外还有很多蚯蚓，这个连栋棚里的阳光玫瑰葡萄长得特别好。

专家：5元/斤的阳光玫瑰跟50元/斤的阳光玫瑰，本质的差别就是需要用科技提升葡萄的品质。

马倩：您看这个大棚里的土壤品质特别好，因为有很多的蚯蚓在里面，那么蚯蚓在土壤当中起到什么作用？

专家：首先蚯蚓的存在证明生态环境是非常好的，如过量地使用除草剂，过量地使用农药，蜜蜂都会灭绝。另外蚯蚓有疏松土壤，改良土壤的作用，用有机肥进行有机大棚园区的改造，蚯蚓肥是一种非常重要的原料，有机肥可以通过蚯蚓来转化成为蚯蚓肥，肥效比较高，油脂含量比较高，而且比较安全。颜总对蚯蚓这一块儿情有独钟，它不仅仅只是一个表面现象，本质来讲，可以证明大棚里生产的阳光玫瑰葡萄非常安全。

分镜头：转换阳光玫瑰葡萄观光采摘园（葡萄藤下话葡萄）

固定机位平视拍摄人物

马倩：接下来，观众朋友们请跟随镜头到葡萄观光采摘园参观一下，据说那儿特别好，朋友们都喜欢到那儿采摘乘凉，喝茶小憩……

基地负责人：因为基地是一二三产融合全产业链发展，刚才看到的第一个园、第二个园，都属于第一产业的业态。

马倩：李院长，你看那一片棚区特别漂亮，上面也挂满了葡萄，那一片儿就是外地朋友们进行采摘的园区吗？

专家：种葡萄是一个甜蜜的事业，它不光能吃，它还能看，是最容易结合一二三产的全产业链条。除刚才讲的种植之外，还有一个观光采摘文化旅游的功能，咱们来这边儿看一下。

马倩：剑非姐，您看小场景已经布置好了。

王剑非：好的，我们过去边坐边聊，开始咱们的在葡萄藤下话葡萄，桌子上面有三串葡萄，这酒瓶装的是葡萄酒吗？

基地负责人：这是阳光玫瑰葡萄的深加工产品——葡萄酒。

马倩：现在一直提倡全产业链发展，基地的葡萄是一个非常完整的产业链，从种植、采摘，深加工到文旅，是典型的一二三产融合的产业。做葡萄产业链应该说是最幸福的，不仅能吃到新鲜的葡萄，还能喝到葡萄酒。颜总，请跟大家聊一下深加工产品。

基地负责人：这是阳光玫瑰葡萄酿造的白兰地，口感还是挺不错的。因为阳光玫瑰葡萄是一个特有的品种，它的玫瑰香味儿很特别，做出来的葡萄酒味道独特，我请朋友们品鉴后，都感觉还不错，感觉潜力很大。

马倩：李院长品鉴过白兰地了，感觉怎么样？

专家：口感是非常不错的，阳光玫瑰是个新品种，它是一个新兴的产业，深加工领域还需要有一个摸索和探索的阶段。虽然阳光玫瑰白兰地是一款中式产品，通过这两年的试验，包括品鉴，发现它带有阳光玫瑰本身特有的香气，香气宜人，入口清爽，是其他白兰地不可比拟的。

阳光玫瑰含有丰富的类黄酮，包括其他一些营养物质，特别是白藜芦醇含量比较高，有一定的保健作用。生产深加工产品，对于延长它的产业链，提高它的市场价值，也具有非常重要的意义，所以对整个产业链发展来讲的话，进行深加工产品的研发，将对葡萄产业的发展具有非常重要的推动作用。

马倩：目前市场上的阳光玫瑰价格差别很大，有的是80元/斤，有的是8元/斤，葡萄价位差为什么会这么大？您觉得在葡萄品质方面有什么不一样吗？请跟我们谈谈，想必也是大家非常关心的一个话题。

专家：这是目前市场上的热点问题之一。首先从消费者体验来进行一个评价，8元跟80元的，吃起来口感是不是有差异？如果没有差异的话，说明市场肯定有问题了。阳光玫瑰葡萄的发展，经历了一个大浪淘沙的过程，因为这两年发展得比较快，都认为这个产业比较赚钱，好多人投资阳光玫瑰产业。许多人只知道这个产业赚钱，却不知道这个产业需要高投入、高技术、高标准，结果他生产的阳光玫瑰跟原来设想的不是一个产品，必然导致价格下降，因为没有相应的好的葡萄品质。

另外，高端的阳光玫瑰葡萄坚持生产的初心，坚持品牌建设，经过市场的洗礼之后，高端的阳光玫瑰永远占据市场的一席之地，这是市场发展的必然过程。

对于目前市场上有很多妖魔化阳光玫瑰葡萄的观点，这不是一个科学的理念，这是利用消费者对食品安全比较关心的心理进行炒作，缺乏基本的专业知识，他们讲的一些观点，从科学的角度来讲是站不住脚的，但是大部分消费者又不具备专业知识，所以容易被误导。但是经过时间的洗礼，经过实践的检验，我相信是金子早晚都会发光的。好的阳光玫瑰产品，归根结底还是要被市场认可的，还是要被产业认可的。我觉得特别是像颜总这样的企业家，坚持初心，坚持高标准的生产条件，阳光玫瑰葡萄肯定具有很大的发展前途。

希望媒体朋友们，包括专家们多进行正面的宣传，进行科学推广，最终让好的产品，让企业家的付出能有所回报。

马倩：因为我们在采访的过程当中，看到很多朋友给颜总打电话，订购咱们的阳光玫瑰葡萄，看来是不愁销路。那么园区的阳光玫瑰是通过什么渠道去销售和推广的？您对未来种植阳光玫瑰，或者是未来有什么规划吗？请跟我们聊聊。

基地负责人：刚开始的销路主要依靠外地客商。广州、上海一开始就是做品牌效应，把品牌品质放在第一位，重点打造当地客户群体的这种需求。这几年，当地有一部分客户群体，吃了基地的阳光玫瑰葡萄以后，再去识别其他的葡萄，感觉就是有差异，现在这种形态在慢慢地扩展。今年，虽然好多网络上不太懂专业的人在宣传误导消费者，但是咱们基地的阳光玫瑰销量还是一直不错的，为什么？因为当地的一些吃过基地阳光玫瑰的客户群，看到基地的种植模式和方式，包括施肥管理等各种措施，他们感受到我们的葡萄是安全放心的，网上说阳光玫瑰生长过程中必须打24遍药什么的，网上流传的我都不理解，因为阳光玫瑰从小就需要套袋管理，套袋后的生长期总共120多天，我坚信只要把品质做好，这个市场是有前景的。

马倩：颜总谈的是葡萄品质是第一位的，把品质放第一位就不愁销路。好，那么节目的最后，再请李院长给我们做一个总结，要种阳光玫瑰的话，它需要哪些技术？农民朋友需要做哪些？

专家：好的。无论是种阳光玫瑰，还是其他品种，首先是土壤改良，进行基础的这种投入是非常必要的。另外要良种良法配套，丰产的一个基础是品种砧木的选择，一定要严格按照标准化的生产技术，包括肥水管理，病虫害管理，按照规范来进行实施，把数量效益转变成质量效益，适应市场、产业的发展需求，这才是果品产业的一个最终的出路。

马倩：好，今天谢谢两位给观众朋友们讲解阳光玫瑰的种植技术以及未来的发展，还有市场的销路等，希望对农民朋友有所帮助，运用到自己的生产当中。今天的甜蜜课堂到这儿就再见了，咱们下期再会。

王剑非：朋友们，下期再会。

阳光玫瑰葡萄藤下话葡萄工作合影

第二节　阳光玫瑰葡萄生产管理小知识

避雨栽培

避雨栽培是在葡萄生长的过程中，在树冠顶部以上位置构建避雨棚，防止降雨淋湿葡萄叶幕和果实的栽培技术，人为创造一种适宜葡萄生长发育的“雨淋不湿”微环境。该技术大幅度扩展葡萄栽培区域和优质品种，促进葡萄种植规模化发展。同露地栽培相比，避雨栽培下果实病害发生率降低50%以上，农药成本降低30%以上，节本增效的同时，果品安全性得到显著提升。

可采用简易连栋避雨棚和半拱式简易避雨棚两种避雨设施，同标准连栋避雨棚相比，搭建成本分别降低34.06%和61.24%，分别配套了高光效高干“T”形架和耐弱光“V”形架，组装集成“简易连栋避雨棚+高干‘T’形架”和“半拱式简易避雨棚+‘V’形架”的配套模式。

简易连栋避雨棚+高干“T”形棚架　　半拱式简易避雨棚+“V”形架

根域限制栽培

根域限制栽培是我国一项突破传统栽培理论、应用前景广阔的前瞻性葡萄栽培新技术，具有早期生长快、成形和投产早、肥水高效利用、果实品质显著提高、树体生长调控便利及低环境负荷等显著优点。

根域限制栽培葡萄的定植沟和定植后的状况

根域限制沟的规格：在地面按6～8米的间距开宽80～100厘米、深50～60厘米沟，并在沟底开挖排水沟，在沟壁和沟底覆盖8～10丝厚的塑料膜，再在其上安放渗水管（外径8～10厘米），渗水管上覆盖无纺布，防止泥土堵塞渗水管孔眼。根域限制沟的土地面积占葡萄园占地面积的15%～25%。

营养土配制：用1份有机肥（优质羊粪等农家肥）和6～8份表土混合后填入沟内，并高出地面20厘米。每亩有机肥用量6～8立方米。配置两条滴灌带。

标准化树形构建及整形修剪

采用高干“T”形架或“V”形架。

采用“T”形架时，主干高度1.8～2.0米；采用“V”形架时，主干高度1～1.2米。结果母枝配置密度为主蔓两侧均匀分布，每米平均10个，每亩配置结果母枝3 000个，每个母枝选留新梢1个，每个新梢留果穗1串。修剪采用留1～2芽的超短梢修剪，单枝更新。

限产提质技术

合理负载：每穗控制在600～750克，每亩负载量1 500～2 000千克。同时采用标准化花果管理技术，进行果穗整形，生产的葡萄外形美观，着色均匀，风味浓郁。

第五章　良种良法配套，“龙山小米”种出高标准

第一节　龙山小米脚本

（开场镜头景别：近景，跟拍并航拍谷子种植大田镜头）

山东广播电视台节目主持人马倩：大家好，我是山东广播电视台节目主持人马倩。今天我们的《田间课堂》来到了济南市章丘区龙山街道。

山东省农业科学院王剑非：大家好，我是山东省农业科学院农业信息与经济研究所的王剑非。

山东广播电视台节目主持人马倩：说到龙山大家都会想到什么？剑非姐，你能想到什么？

山东省农业科学院王剑非：我首先想到龙山的黑陶，龙山的小米，龙山深厚的历史文化。

山东广播电视台节目主持人马倩：不卖关子了，今天我们就追随着山东省农业科学院作物研究所的管延安研究员一起走进龙山小米的原产地，寻找好吃又有营养的龙山小米，探寻龙山小米背后的科技元素。今天我们的节目还会在“直播三农”的微赞平台进行现场直播，如果大家对谷子有什么相关问题，都可以随时给我们留言。

分镜头：插入无人机航拍龙山谷子种植全景基地，追拍平视近景人物

专家：主持人好，观众朋友们，大家好！龙山小米的老品种，抗倒

伏性还是比较差的，前面这片谷子地倒伏的比较多，龙山小米新品种改善很多了，基本上就不存在这些问题了。

马倩：管老师好，咱们边走边说吧，刚才您讲到这几年在培育新品种，新品种确实也层出不穷，彻底解决谷子倒伏的问题以及谷子除草问题，都有哪些好的品种呢？请给我们介绍一下。

专家：我们目前在生产上主推济谷30，这是一个有代表性的抗除草剂品种，可以在出苗后打除草剂，谷田里单子叶的杂草较多，通过除草剂可以有效地杀灭杂草，节省用工，更有利于保证丰产丰收。旁边的品种是我们培育的高产优质品种济谷25。济谷25品质也是龙山主推的品种之一，突出特点是商品性和食物品质都不错，颜色金黄，熬粥也非常好喝，产量非常高。经过几年的筛选后，是龙山小米的代表品种之一。谷子杂粮团队每年会不断地提供一些新品种放到龙山，让生产商来试种。我们看到刚才那一大片倒伏的老品种情况，新品种确实也都做到了出类拔萃，一个个都非常坚挺，没有出现倒伏的现象。

马倩：新品种不仅种植产量高，口感好，颜色漂亮，受到广大百姓的欢迎，种植户也是很喜欢种的，是不是？

专家：对，因为种植户必须要获得高收益，那么获得高收益的关键是品质好，产量高。如何才能产量高，谷子得抗倒伏、抗病性过硬，才能够保证高产。

马倩：说起龙山小米，大家都点赞，因为非常有名，大家都知道龙山小米熬的小米粥特别黏，小米粥、小米饭等都非常好吃，而且具有地域性特色，吃出老百姓的口碑。

管老师刚才讲到，济谷品种在不断地更新迭代，那么我们是怎么在传承当中来创新的呢？

专家：龙山小米作为历史上的四大贡米之一，必须保证龙山小米品质，才能保证消费的群体。农业科研单位是根据当地需求，在品质上不断地提升，同时在品种的高产性能、抗病性、抗倒性等方面改进并进行提高。

一方面，出现的一些新问题也需要不断地加以改进。最近几年白发病又开始发病症了，不仅影响产量，也影响品质，所以在白发病这一块儿我们也加大了改良的力度。

另一方面，品种是芯片，是基础，栽培技术的整体管理也是相当关键的，谷子杂粮团队经常来龙山街道进行技术培训，与合作社、种植大户进行交流，指导他们把谷子管理好并提高收益。

马倩：我想请教一下管老师，如何做到既要推广新品种又要保持龙山小米的传统的味道？

专家：一方水土养育一方人，龙山小米的味道非常独特，在其他地方种的小米可能没有咱传统的味道，那么我们是怎么去保持它独特的传统味道呢？历史上，龙山小米传统的品种是东路阴天旱，其口感非常好，但是它抗倒伏性、抗病性都是比较差的。龙山小米作为一个历史命名，有它的一些代表品种，也有特定的机遇。科研团队主要做提高抗倒伏、抗病性等工作，一是在保证小米原有的品质方面，把小米秸秆高度降下来以后，抗倒伏性功能就提高了；二是提高它的抗病性，也就是提高产量。那么在保持品质的前提下，提高了产量就增加了收益，提高了抗倒性和抗病性，增加了稳产性，使种植户减少风险。

分镜头：近景平视拍摄三位合作社负责人

主持人：听说管老师来龙山，合作社的朋友们纷纷赶过来了，三位先给观众朋友们打个招呼吧。

农户一：大家好，我是山东龙山郡生态农业发展有限公司的高同果，2017年来到龙山承包土地，承包200亩土地种谷子。

农户二：大家好，我是来自山东地标文化产业有限公司的孙明成，主要做地标产业的。我是2018年到龙山跟政府合作，承包了545亩土地种植龙山小米。

农户三：大家好，我是章丘市创新源农作物种植专业合作社的王镭善，流转200亩土地。

马倩：管老师，今天来的这三位都种了咱们的谷子，先有请第一位，自我介绍一下谷子在哪块地种植的？

农户一：这旁边的100多亩就是我种的，这是山东省农业科学院提供的济谷1165种子，深受消费者的欢迎。米质好，高产、抗倒伏、抗病，合作社都愿意种这个品种。原先种的传统品种，不抗倒伏，抗病也差，虽然质量也可以，但是产量就是上不去，种地也没效益。现在换了这个新的品种后，种地有效益，老百姓喜欢这种小米，小米卖的好，我们也提高了收入，我们也愿意继续扩大规模。

马倩：这位大哥种植过程中遇到什么问题了吗？

农户一：管老师非常关心我们种植户，每次遇到问题一打电话，管老师就到我们的田间地头，亲自指导我们如何防治病虫害？如何除草？什么时候浇水？什么时候除草？都给我们说得很清楚，我们非常欢迎管老师。

马倩：管老师，您这个品种对龙山来说是非常适合的，是吧？

专家：我们培育的品种比较多，有一些品种并不是在当地的生产条件下培育的，所以会根据试验的初步结果给当地筛选品种，由团队提供一些品种供龙山种植户进一步来选择。刚才老高讲的济谷1165，老孙、老王他们两个也都种了，经过多个品种的对比，他们认为这个品种品质非常突出，产量高、抗性整体上还不错，所以作为龙山主打品种之一。

马倩：请问您承包的哪片儿？您之前种什么品种？

农户二：承包的是咱们对面的100多亩，以前种咱山东省农业科学院提供的济谷21，济谷18、济谷19也都种植过。我们现在连续种植济谷1165有3年了，品质好，颜色好，味道儿浓。

马倩：您在种济谷1165的时候有没有遇到什么问题？当时种的还顺利吗？中间有什么问题吗？

农户二：第一年试种济谷1165春谷时，发现春谷个头儿有点高，经过跟管老师沟通，现在我们大部分都选种夏谷。

马倩：关于除草的问题，您能跟我聊聊吗？

农户二：因为济谷1165是不抗除草剂的，在生产管理当中，需要通过人工来除草。在龙山种植基地，因为主打有机和绿色品牌，多数地块采用绿色控草技术，减少使用除草剂，减少对土壤的危害，提高农产品质量。另外，在生产上人工除草这一块儿占到了很大的生产成本，人工除草应该占一多半的成本。

马倩：如果选种济谷30的话，除草就不是问题了吧？

农户二：对，抗除草剂品种济谷30是一个代表品种，当然还有其他的一些品种，选择这类抗除草剂的谷子品种就可以不用人工除草了，省人工费用，降低成本。

马倩：好的，下面请第三位负责人介绍一下种植情况。

农户三：大家好，我是章丘市创新源农作物种植专业合作社的负责人王镭善，在章丘龙山种植谷子比较早。很久之前，我在网上看到很多帖子都在宣传济南南部山区里的小米，作为一个济南章丘的龙山人看到龙山小米被宣称成南部山区里的小米，龙山人不说龙山小米，心里就很不是滋味，考虑一定要把龙山小米的品种传承下去，也必须种好。合作社目前种了200亩的济谷系列，主要以济谷系列为主，今年在管老师的指导下，又加种了新品种龙珠1号做对比试验。

马倩：管老师，龙珠1号与济谷系列有什么区别吗？它又有什么样的优势呢？

专家：我跟合作社王理事长是老朋友了，老王很善于动脑子。他刚才讲到龙山小米的故事，实际上正宗的龙山小米就在章丘的平陵城，龙珠1号小米也是在“东路阴天旱”小米原产的基础上，进一步选育而成。

老王，他不仅引进新技术、新品种，对老品种也很有情怀，也想着把老品种保持下去。老王是从老品种慢慢地跟着咱们换新品种，一直种到现在。

农户三：龙珠1号这个名字怎么定名的呢？主要是龙山是龙的故乡，小米长出来以后就是金黄色，晶莹剔透，形状就像龙珠一样，所以给它起了个名字叫龙珠1号。

2017年左右，在种植过程中不断遇到一些问题，我就到龙山政府，请政府帮忙解决问题，是政府的领导带着我们找到山东省农业科学院的管老师，解决如何种好小米，如何去选育一些好的品种，然后采用什么样的种植技术，种出更好的小米。

小米播种是一个大问题，不宜控制，播多了得间苗，人工这一块儿耗资很大，人工费用很高。

管老师指导我们采用精简化栽培技术，减少播量，播种量少就省去农民间苗的成本核算费用。

专家：除品种之外，谷子的整体管理技术也是非常重要的。以前谷子播种量比较大，人工播种基本上都是在一斤半左右甚至还要多，老百姓流传着这么一句谚语："有钱买种，无钱买苗。"他们害怕苗不够，就通常选择多种。实际情况是，因为现在允许合理地流转土地，这3个合作社的负责人，他们手里流转的土地都很多，然后再采用人工间苗就无形中增加很多的成本。我们团队10多年来一直围绕着栽培技术做了很多的工作，播种也不是很简单的，把播种量降低后，它还是受很多因素的影响，例如这个种子籽粒的大小、种子的发芽率、土壤的情况、播种的时期、深浅等一些因素都得注意。

团队跟谷子种植大户进行种植培训等技术交流活动，在生产上有效地解决了这些问题，包括机械化精播、化学除草，还有标准化的施肥等的这些技术层面，管理上涵盖有很多方面，因为时间的关系，不能讲解得太详细。

马倩：农民会遇到一些施肥问题吗？

专家：对，施肥这一块儿实际上也是非常重要的，对于谷子来讲，都说谷子抗旱耐瘠，抗旱耐瘠实际上它也是需要水的，在施肥这一块它需肥少，不等于不施肥。

同时肥料也不能太多了，施肥过多会造成种植成本的增加，施肥过多也会造成氮肥挥发和渗漏，造成对环境的损害和影响。

在施肥措施上，团队也是根据合作社实际情况提供一些建议，在保证产量的前提下，尽量地控制施肥量，降低成本，保护环境，真正地做到环境友好型的生产。

马倩：好的，谢谢管老师的讲解。刚才听了几位负责人，包括管老师也一个劲儿地夸咱们的谷子，我们也确实看到了谷子长势特别好，但是百闻不如一见或者说是百闻不如一吃，我将带大家一起去尝尝，替大家来尝一尝小米到底好不好，好在哪里？

分镜头：转换拍摄品鉴小米的场景，特写镜头推进小米粥碗

马倩：大家好，我是山东广播电视台节目主持人马倩，今天我们的《田间课堂》来到了济南市章丘区龙山街道给大家云尝小米的现场，带大家见一见什么是好的小米。

王剑非：大家好，我是山东省农业科学院农业信息与经济研究所的王剑非，接下来我们准备现场品鉴一下管老师的科研成果。

马倩：镜头前，这碗热气腾腾的小米粥儿，就是孙大哥家里刚刚收获的龙山小米熬出来。我们替大家品尝一下，小米的味道相当浓郁，很好喝，想请教一下管老师，好的小米除能尝到非常浓郁的汤汁之外，还有什么好的品质？

专家：大家可以观察到小米颜色很鲜亮，非常的黄，仅仅从颜色上就很吸引人，这个颜色是因为小米黄色素的含量高，黄色素它本身就是一种功能性的营养物质，小米中含有丰富的胡萝卜素以及维生素B族类的物质。

马倩：所以金黄的颜色也是证明小米质量品质好的一个特性。

专家：刚才主持人、王老师也都品尝了煮熟的小米，小米的颜色越黄，品质就更好，另外好的小米粥喝到嘴里，比较绵软，品质好的小米还可以熬出一层小米油，营养价值是非常高的。中国传统就是妇女坐月子喝小米粥加红糖，小米营养丰富有助于病人康复，都是有道理的。

马倩：好的，我和剑非姐刚刚都品尝到非常好喝的小米粥，小米油在口中感觉特别的绵糯，口感特别浓郁，这小米就是刚刚我们在地里看到的谷子的品种是吗？

专家：对，那么这个品种也就是我们团队选育的济谷系列——济谷1165。

马倩：济谷1165长势特别好，熬出来的小米粥也特别好喝，是不是剑非姐？

王剑非：对，特别好喝，我觉得是龙山人给龙山的小米镀上了一层闪闪发亮的金。

马倩：说得好，小米金灿灿！节目刚开始时，我问剑非姐，提起龙山，您会想到什么？剑非姐就提到了其中的龙山文化，那么接下来你说我们带大家去哪里？

王剑非：龙山小米展览馆。

分镜头：转换场景（龙山小米展览馆，近景平视拍摄人物）

马倩：好的，朋友们，我们现在来到了位于济南市章丘区的龙山小米展览馆，您好，于主任。

龙山街道负责人：您好，主持人。

马倩：您好，于主任，请您给我们介绍一下龙山小米的悠久历史文化。

龙山街道负责人：近年来龙山街道致力于复兴小米产业，从种质资源到种植技术，从包装运营到品牌推广，付出了大量饱含匠人之心的心血智慧和努力。

为了在这片古老的土地上种出最纯正的龙山小米，龙山街道牵手山东省农业科学院，共同成立了龙山小米产业研究院，开展优质种质技术研究，每年承接中国农业科学院50多个品种，山东省农业科学院30多个新品种在龙山的土地上试种对比，经过不断地探索和钻研，收获龙珠1号等优质品种。为了让传承几千年的谷种基因得以保护发展，龙山街道建立了种质资源库，将龙山小米基因追根溯源，为品种改良繁育、品种特性提供最完整的基因库，用龙山自己的种子做出最优质的小米，目前种质资源库已保存了600余种龙山小米基因，龙山小米基因图谱在此完整保留，为打造北方种业之都贡献出了龙山力量，为龙山小米的产量和品质奠定了坚实的基础。

马倩：好，感谢您的介绍，我们今天了解到龙山小米确实具有悠久的文化，龙山人为龙山小米的传承打下了良好的基础。

分镜头：镜头转场拍摄（龙山小米种质资源库，追拍人物）

马倩：种子是农业魂，品质是种子根。我们来到了今天的最后一站——龙山小米种质资源库，管老师，请您带我们参观一下种子资源库，可以吗？

专家：刚才主持人也说了，种子是农业的芯片，龙山小米作为历史上的四大贡米之一，不管是从地方政府还是企业，都是非常的重视，建立种质资源库的目的就是保护老品种，因为龙山小米是具有代表性的传统老品种，而且也在不断地培育一些新品种，新品种也需要保存起来。

在新品种的基础上还要不断地来培育更新的品种，这就是建立种质资源库的初衷。我们与龙山街道、中国农业科学院共建了龙山小米产业研究院，开展龙山小米研发。目前种质资源库已经收集了600余份的优良谷子品种。

马倩：刚才您讲到种子的更新迭代，种质在我们谷子的更新迭代当中起着非常关键的作用，是不是？

专家：对，因为种子是品种改良的基础，那么我们说种子是农业的芯片，种质是根本，通过建设种质资源库，可以在低温的条件下，保存种质20年以上，来有效地保护一些优良的品种。

马倩：保护种子，种质资源库起到非常关键的作用，好的，谢谢管老师。我们今天的节目通过“直播三农”微赞平台进行直播，大家有任何相关谷子种植的问题都可以给我们留言。今天的节目到现在就结束了，再见。

龙山小米拍摄团队工作合影

第二节 谷子生产管理小知识

谷子抗旱耐瘠特性

谷子抗旱性强，耐瘠薄，适应栽培的土壤环境较广。从新开垦的土壤瘠薄的生荒地到土层深厚、土质肥沃的高产田均可种植。在无水浇条件的丘陵山地种植谷子，不仅能发挥谷子的抗旱耐瘠特性，还因海拔较高，昼夜温差大，灌浆过程中积累的营养物质更多，小米品质更佳，与种植小麦、玉米等作物相比具有明显的比较效益。但谷子不耐涝，耐盐性一般。因此涝洼地和盐碱度高的土壤不适宜种植谷子，盐碱地种植土壤盐碱度应在0.3%以下。

谷子施肥技术

谷子优质栽培应多施有机肥，不施或少施化肥。春播谷子应在冬前结合深耕施用有机肥和基肥。每亩应施用1立方米以上优质有机肥，并根据情况施用20～30千克磷酸二铵或三元复合肥。冬前深耕，可有效接纳冬春降水，而且通过土壤冻融，可熟化土壤，释放土壤和有机肥中的养分，是提墒保墒和提高土壤肥力的重要农艺措施。麦后夏播，为抢时播种可不整地，灭茬后种肥同施，贴茬播种。

谷子精量播种注意事项

春谷冬前深耕施肥的可耙耱后用精播机精量播种。播种最早应在谷雨以后，建议适当晚播，以避免过早播种引起病虫害发生严重，一般应在五一之后。墒情适宜的，播种量应控制在0.3～0.4千克。麦茬夏直播的因麦茬对出苗和苗情有较大影响，应加大播量，亩播量0.5～0.6千克。播种后应每亩喷施120克谷田专用除草剂防除杂草。

谷子管理技术

春谷留苗应在3万～4万株，夏谷4万～5万株。即使精量播种也往往出苗量过大，应尽量间苗。应在6叶期前完成定苗。

谷子病虫害防治技术

应选用抗病性强的品种，合理轮作，避免重茬，同时保证合理的种植密度。病害防治以播种前种子处理为主。用种子重量0.3%瑞毒霉可湿性粉剂拌种，防治白发病；用种子重量0.2%辛硫磷乳油拌种，防治线虫病和地下害虫。对于谷子虫害，根据当地实际情况采取合理的防控措施。重点是监测及防治黏虫。

第六章　丰收时节看大豆品种之齐黄34

第一节　齐黄34大豆脚本

（开场镜头景别：近景，跟拍并适时插入大豆种植地镜头）

山东广播电视台节目主持人石晨笑冉：科技赋能，乡村振兴，大家好，我是山东广播电视台节目主持人石晨笑冉，我们今天的科普系列专题节目《田间课堂》来到了东营市垦利区。

山东省农业科学院王剑非：我是山东省农业科学院农业信息与经济研究所的王剑非，现在正是大豆收获的季节，在这个丰收的季节里，让我们一起走进这片大豆田，感受一下科技的力量。

山东广播电视台节目主持人石晨笑冉：是的，大家从我们的镜头里可以看出，我们身后就是一片片的大豆田了，这片大豆田里种植的品种就是今天的主角——齐黄34。剑非姐，能不能给我们介绍一下齐黄34是由谁培育的？

山东省农业科学院王剑非：好的，齐黄34大豆是由我们山东省农业科学院作物研究所的徐冉研究员带领团队选育的一个品种，在2022年的时候推广面积超过了342万亩，是2022年度全国长城以南推广面积最大的一个品种。

分镜头：近景平视拍摄人物

石晨笑冉：现在看来齐黄34已经有很好的一个成绩了，那么如何才能种出优质高产的大豆呢？今天我们的节目也会通过山东乡村广播的微信公众号“直播三农”进行直播，如果您有大豆种植方面的问题，也欢迎和我们进行互动。

齐黄34到底是好在哪里呢？今天也是请到了它的培育者——山东省农业科学院作物研究所的徐冉研究员，请徐老师跟镜头前的观众朋友打个招呼吧。

专家：观众朋友们，大家好，我是徐冉，来自山东省农业科学院作物研究所，主要从事大豆的遗传育种和栽培研究工作。从1992年至今，已经有30多年的时间都在从事农业科研工作。

石晨笑冉：您工作的时间都超过我的年龄了，您对农作物有非常深的感情，包括今天这片大豆田里面种植的齐黄34，我相信您对它的这种感情就和对自己的孩子一样，请问培育齐黄34大豆，用了多长的时间选育成功的？

专家：齐黄34品种从1996年开始做杂交，所谓做杂交就是让这个品种的爸爸跟妈妈结婚，然后让它生出来孩子，各种各样的孩子，我们从中间一代一代选的，终于在2012年通过山东省的审定，用了16年的选育时间。审定以后，我们又在全国各地，北到哈尔滨、黑龙江、内蒙古，南到海南，东到海边，西到新疆，甚至到3 000多米的海拔高度做各种大豆试验。在山东东营及新疆，鉴定它的耐盐性。在南方高温高湿条件下，鉴定它的抗病性，分别到长江流域的南京，还有广东、海南，鉴定抗病性。到甘肃鉴定耐旱性。经过多年各种性状鉴定，发现齐黄34有很好的推广前景，有在各种条件下都比较适应的特性，然后才在长城以南大面积推广应用，目前这个品种是我们国家长城以南种植面积最大的。

石晨笑冉：从1996年开始让齐黄大豆34的父本、母本进行结合，徐老师不光在学术上有建树，平易近人，也是一个非常有趣的人。徐老师讲到，有10年的时间在长城以南进行大豆试验，成功其实是一个非常难的过程，有没有经历过困难或者失败？

专家：每年都会有这种情况，最困难的时候是团队人员大量流失，课题经费特别少，最后就我一个光杆司令，带着一个科研辅助人员做试验，白天到地里面调查观察，晚上回来整理材料，经过一段非常艰苦困难的时段。生产上也会存在自然灾害、高温干旱、病虫害等，还有兔子、鸟也会破坏试验，晚上有时也需要在地里盯着，防止被兔子啃光。

另外，大豆育种最困难的一个环节是做杂交。让齐黄大豆34的爸爸、妈妈结婚，它不像人似的可以自动结婚，我们首先要从母本上给它去掉花粉，像7月中旬至8月中旬的三伏天，从15：00—18：00，我们要到高温、高湿大豆地里面做试验。早晨5：00—8：00还需要授粉，把父本上的花粉授到母本上，成功率非常低。大豆花粉特别小，柱头又非常细，拿花粉往柱头上授粉，刮一点风就可能被吹掉了，下一点雨儿，也会被冲走了，往往一天都做不成一朵花，成功率很低。第一关授粉就比较难，中间还会受到各种灾害的影响，大豆出苗是非常困难的，而我们的试验田要求苗全苗壮，这样才能反映出一个品种的真正特性。

石晨笑冉：育种的过程很艰辛，徐老师现在提到困难时可以一笑而过，但只有徐老师自己知道，期间经过多少千辛万难，最终才培育出齐黄34。下面请我们的种植户来讲一讲齐黄大豆34品种，好不好？

种植户：好的，齐黄大豆34抗盐碱抗旱。

石晨笑冉：请问我们的种植大户朋友，都知道盐碱地雨天一下一滩泥，不下雨一块砖，选择种植齐黄34大豆，当时心里面有没有做过斗争？

种植户：根据现在的长势，一亩地能收获250千克左右，收成还是很好的，经济效益也不错，在我们的地里种得非常好。

石晨笑冉：接下来再请齐黄34大豆的育种人来讲一讲，齐黄34有哪些特点？

专家：第一，这个品种高产稳产，柱形结构比较紧凑，从光合产物运输到质粒当中比较流畅，光合效率高，库容量大。一般品种是一个豆荚里头有两个豆粒，齐黄34有3个豆粒的占多数，肥水条件好时可以有4～5个，这是它高产的基础。百粒重在国家区域试验中是28.6克，我们现在审定一般品种百粒重，就是100个豆粒的重量是20克左右，齐黄34可以达到28.6克。肥水条件好时，可以到30克，个别地方还接近40克，能够充足地形成产量。

第二，抗病，对生产上遇到的主要病害如霜霉病、白粉病、花叶病毒病等都是高抗的。抗病性比较好，产量也能有保障。刚才我们的种植户也说了，每亩能到250千克左右。前年在山东东明创造的夏播高产纪录为353千克，春播367千克是在甘肃达到的，也是甘肃的高产纪录。齐黄34创造了很多高产纪录。

石晨笑冉：刚才您介绍齐黄34是长城以南种植面积最大的品种，目前有20多个省都在种？

专家：现在不仅仅是我们山东在种，长城以南的很多地区都在种植。

石晨笑冉：我们也做过一些小调查，我国对大豆的进口其实还是比较依赖的，甚至是能达到85.5%。您在选育齐黄34号大豆的时候，有没有想过增加大豆的产量，然后让我们慢慢地摆脱我国进口大豆这样的一个现状？

专家：必须提高大豆产量。中国人口这么多，现在生活水平越来越高，日常生活中各种豆制品、豆腐、豆酱、豆浆，这些都是用大豆做的，消费量是特别大的。齐黄34大豆品种非常耐盐碱。从这个品种选育出来，就在盐碱地上开始鉴定它的耐盐碱性，耐盐碱性非常好。2021年，东营垦利达到了亩产302.6千克，这是实际的产量，也是盐碱地的高产纪录。

分镜头：科学小试验场景，特写拍摄仪器读取数据

石晨笑冉：我今天特意带了仪器来，是为了检测盐碱度，可以通过电导率来测这块儿土壤的盐分含量。

专家：今天正好可以测一次，这是简易便携式的，点击read就开始读取数据，我们可以看到数据读取在0.2%～0.3%，属于轻度盐碱。

石晨笑冉：因为以前在盐碱地种大豆也就百十来斤，产量比较低。请教一下徐老师在种植上如何管理大豆？

专家：行距、株距决定了密度大小，在肥水条件中等的情况下，一亩地13 000株，行距40～50厘米，株距10厘米左右，这是高产的基础。播种需要适当的水，适当的肥。另外开花结荚期很重要，这个时期如果是干旱的话，就容易落花落芽。山东在9月往往都较旱，此时也是大豆谷粒期，是形成产量的关键时期，这个时期需要非常充足的水。

再讲施肥，因为播种的时候，在大豆生长期间，如果无大面积追肥

的情况下，播种时施10～15千克的氮、磷、钾复合肥，要求氮、磷、钾比例相对均衡一些的。大豆自身有固氮的作用，它对磷的需要量比其他作物都大，大豆谷粒期可以喷叶面肥。

分镜头：近景拍摄专家解答网友问题小环节

石晨笑冉：我今天是带着网友的问题过来的，请徐老师给我们做一下解答。第一个问题，齐黄34大豆籽粒是大豆型的还是小豆型的？

专家：籽粒属于大的。在全国审定的这些品种当中，它应该是百粒重最大的。百粒重就是100个豆粒的重量，像山东审定的百粒重是26.5克，国家审定是28.6克，这都是目前审定品种当中籽粒最大的，一般的品种就在20克左右。

石晨笑冉：第二个问题，如果种出小籽粒儿是哪些因素导致的？

专家：9月，山东比较干旱。一般到8月底，大豆有荚，没有豆，里头没有豆粒。进入9月后，豆粒开始慢慢生长，这个过程中如果遇到干旱，谷粒生长就终止，籽粒小，如果这个时间段肥料不足，也会造成籽粒长不大，这就是我刚才强调的，肥、水都很重要，后期喷叶面肥也很重要，它能增加产量。

石晨笑冉：徐老师，还有很多的朋友在问带状复合种植，能不能带我们去看一看带状复合种植？

专家：可以，山东带状复合种植面积200多万亩。我可以带着你们去玉米与大豆带状复合种植的区域去看一看。

分镜头：转场大豆玉米带状复合种植区域，近景拍摄

石晨笑冉：大家好，我是山东广播电视台节目主持人石晨笑冉。

王剑非：大家好！我是山东省农业科学院农业信息与经济研究所的王剑非。

石晨笑冉：剑非姐，现在我们的位置是哪里呢？

王剑非：我们现在在东营垦利的玉米大豆带状复合种植试验田。玉米大豆带状复合种植技术，是为了解决玉米大豆争地的难题，挖掘潜力，提升我们的大豆产能。2022年在农业农村部的部署下，大豆玉米带状复合种植技术在全国多个省份示范推广超过1 500万亩，今年国家继续支持以西北黄淮海、西南长江中下游地区为重点，推广我们的带状复合种植技术，推广面积也扩大到了2 000万亩。

石晨笑冉：这项技术主要是利用了大豆和玉米的互补特性，进行复合种植，从而实现了玉米不减产，多收一季豆的目标，但是要最大限度地展现我们种植的效果，还需要找到合适的品种，另外还需要方法得当。

王剑非：好品种要配上好的技术才会有高产高效。

石晨笑冉：那么在我们玉米大豆复合种植的这一块儿需要注意哪些方面？注意哪些问题？今天就跟随着我们的镜头一起来探讨一下，本期节目也在通过我们山东乡村广播的微信公众号“直播三农”进行直播，如果您有大豆种植相关的问题，也欢迎您与我们进行沟通交流。徐老师，咱们这片玉米大豆带状复合种植长势怎么样？

专家：目前看长势很好。这个豆荚里面也是4个大豆粒，这说明齐黄34是以3～4粒为主，也可能出现5粒的。

分镜头：近镜头平视拍摄大豆种植户

石晨笑冉：大家可以看到这一片儿大豆地两侧都是玉米，镜头前展示的就是大豆玉米带状复合种植的模式。您种带状复合种植的时候遇到过哪些问题？您预估一下咱们今年能收获多少？刚才徐老师也说了，这片大豆长势不错。

种植户：在收获玉米的情况下，我感觉应该可以再多收出300千克的大豆。

石晨笑冉：有的朋友会有疑问，什么是带状复合种植模式？我理解的是在玉米不减产的情况下，又多收了一季大豆，相当于我们本来有100元，又多收了50元。您刚才也说了，带状复合种植间距不好掌握，徐老师说基本上都是选择的3：5，还有其他的间距比例吗？

大豆种植户：以3：4或者3：5这两种为主，也有2：4的，2：4是指不用玉米收割机收获。现在玉米收割机三行一收，3：4或3：5在收割过程中比较有利机械作业。

石晨笑冉：机械配套能提高作业率，种4行5行的话它有什么区别吗？

大豆种植户：大豆是以5行居多，大豆产量越高，玉米可能产量就特别高。

石晨笑冉：您看旁边这玉米，长得非常高，大豆相比玉米要矮，徐老师说过齐黄34大豆的一个优势，就是耐阴性比较好，在缺少阳光照射的情况下，也不会减产很多，说到这儿了，我还要替大家来问一个问题，能不能给我们总结一下种植齐黄34大豆可能存在的一些种植误区，包括需要注意哪些种植问题？

专家：齐黄34大豆对纬度其实是有一定的要求的。北纬40° 以北，都要谨慎选择种植，辽宁的南部，内蒙古的南部，还有新疆的一些超过40° 的，北纬40° 的还可以成熟。在南方，北纬30° 以南，2—4月春播比较好，晚播容易在收获的时候遇到下雨天气。

石晨笑冉：大豆玉米带状复合种植需要注意哪些关键点？

专家：几个关键点，第一是机械配套。第二选择合适的品种，对大豆品种要求高一些，耐阴性强，抗倒性强，抗病性强。玉米需要选择株型非常紧凑的品种。第三是除草、施肥。大豆有大豆的肥料种类，玉米有玉米的肥料用量，肥料的种类，不能用错。玉米用氮肥为主，大豆就要注意氮、磷、钾均衡，例如玉米如果施肥40～50千克，大豆用十几千克即可。第四是播种，玉米密度小，十几厘米的密度就行，大豆稍微宽一点。在采用带状复合种植一次性播种的情况下，要注意以大豆播种的墒情为主，除草的时候一条用大豆的除草剂，另外一条用玉米的除草剂，既不能用混也不能漂移。在东营的盐碱地上，齐黄34大豆对带状复合种植是非常好的一个品种。

石晨笑冉：这种带状复合种植，对种植户的技术要求还是挺高的，是吧？

专家：像这块地种的就非常好，地里没草，大豆苗非常均匀，基本上也没倒伏，玉米种植的也非常匀。

石晨笑冉：从我们这位大户的脸上就可以看出来，笑在脸上喜在心里，刚才徐老师也说了，当齐黄34能给种植户带来好的种植收益的时候，他心里面也会为我们的种植户朋友感到开心。

专家：希望有更多的朋友选择种植齐黄34，我们不仅在山东的盐碱地上种植，在新疆的盐碱地上也有种植，新疆的盐分含量比东营的要高，碱度也比东营的高，新疆能达到亩产320多千克，说明齐黄34大豆的耐盐性比较好，多个耐盐基因重组到一个品种当中，这是比较难的。

石晨笑冉：大豆攻关技术是非常不易的，跟徐老师交流的过程中可以看出，徐老师是非常平易近人的大豆培育育种专家。

专家：这个品种做豆腐产出率高，做豆浆也好。我们做过很多次试验，齐黄34做豆腐的产出率能多30个百分点，腐竹产出率能高出4～8个百分点，这是我们对一些比较适合加工的品种做的对比试验得出的结果，有些加工企业专要齐黄34，通常会加一毛钱、两毛钱甚至加三毛钱收购做原料。

石晨笑冉：刚才徐老师又给大家出了深加工增加效益的思路，可以多卖点钱多收益，尤其是下一步想种植齐黄34的朋友，可以放心大胆地选择种植齐黄34，当我们钱袋子鼓起来的时候，生活也慢慢地幸福了。

分镜头：近景平视拍摄，主持人小结

石晨笑冉：在我国的粮油作物当中，我们大豆的进口依赖度是最高的。2021年我国进口大豆占全国总需求的85.5%，既要保证咱们主粮的种植面积，又要提高我们大豆的自给率，就要利用好盐碱地这块广阔的备用田。其实说到这儿了，我特别想问问剑非姐，为什么非要选择咱们大豆这个作物呢？

王剑非：因为大豆在所有的作物中，它的耐盐碱性相对比较好，而我国又有着15亿亩的盐碱地，其中有5亿亩的盐碱地可以被我们开发和利用。这5亿亩的盐碱地，一旦被成功地开发利用，我们国家依赖大豆进口的局面将大大改善。

石晨笑冉：是的，据我了解，现在山东多地都立足咱们盐碱地的实际，由治理盐碱地适用作物，向培育耐盐碱植物来适应盐碱地转变，越来越多的产量高、品种好的耐盐碱作物被研发成功，昔日的黄河三角洲盐碱地，正华丽变身成为一片沃土良田。

王剑非：相信在不久的将来，有越来越多好的品种将落户在我们的东营。也希望我们东营的发展也越来越好，那么本期节目到这儿就要结束了，我们下期节目再见。

齐黄34大豆直播工作照片

第二节　齐黄34大豆小知识

高产稳产

夏播亩产量达353.45千克，春播亩产量达367.4千克，创全国夏大豆和山东、甘肃、山西大豆高产纪录。

高蛋白质、高油

蛋白质含量45.00%、脂肪含量22.45%，超过高蛋白质和高油大豆品种标准。

高豆腐得率

湿豆腐得率265.40%，腐竹得率54.2%，分别比一般品种高30个百分点和4～8个百分点。

抗病性

抗花叶病毒病、霜霉病、白粉病、拟茎点种腐病、炭疽病、疫霉根腐病。

耐逆性

耐旱、耐涝、耐盐碱、耐阴、抗倒伏，0.3%盐碱地亩产302.6千克，大豆玉米带状复合种植亩产165.1千克，创盐碱地和大豆玉米带状复合种植高产纪录。

广适性

适宜黄淮海地区夏播和西北、西南、华南地区春播。在黄淮海、西北、西南、华南地区的20个省（市、区）推广4 000多万亩，为长城以南第一大品种。

第七章　盐碱地土壤改良技术

第一节　盐碱地土壤改良技术脚本

（开场镜头景别：近景，平视拍摄主持人开场白）

山东广播电视台节目主持人马倩：科技赋能，乡村振兴，大家好，我是山东广播电视台节目主持人马倩，欢迎来到今天的科普系列专题——《田间课堂》。

山东省农业科学院王剑非：大家好，我是山东省农业科学院农业信息与经济研究所的王剑非，10月16日是世界粮食日，在这个特殊的日子里，我们来到了山东省农业科学院黄河三角洲现代农业试验示范基地，和大家共话粮食安全问题。

山东广播电视台节目主持人马倩：说到山东省农业科学院黄河三角洲现代农业试验示范基地，做农业的朋友一定不陌生，作为滨海盐碱地的典型代表，这里盐碱土壤类型丰富，是探索荒碱地治理新技术，发展盐碱地特色农业的天然试验场。

山东省农业科学院王剑非：从主粮的生产角度来看，开发和利用盐碱地资源是丰富中国饭碗的重要途径之一，通过科学的种植和技术支持，可以进一步提高盐碱地的作物产量和品质，确保粮食供应的稳定性和可持续性。这对于满足我国庞大的粮食消费需求、维护粮食安全具有重要的意义。

分镜头：近景平视拍摄人物

马倩：今天，我们将跟随山东省农业科学院刘兆辉研究员一起走进试验田，探寻盐碱地土壤改良的好方法、好技术。我们的节目正在通过山东乡村广播的微信公众号“直播三农”进行直播，如果你有肥料方面的相关问题，欢迎给我们节目组留言。刘老师，咱们试验示范基地主要的研究项目是什么？

专家：黄河三角洲现代农业试验示范基地，主要承担“十四五”国家重点研发计划项目——环渤海盐碱地耕地质量与产能提升技术模式及应用，项目主要是环渤海区域的盐碱地的产能提升、技术集成与示范，我们有10家单位参加，由山东省农业科学院牵头，在黄河三角洲现代农业试验示范基地开展，另外还有其他的一些地方，像天津、河北都有我们的试验。在黄河三角洲现代农业试验示范基地主要进行小麦、玉米粮食作物，大豆、花生粮油作物的研究。

马倩：好的，接下来请跟随刘老师一起走进试验田。朋友们，大家可以看到镜头里的试验田有不同的颜色，请刘老师讲解一下都种植的什么，用了哪些技术？施的什么肥料？

专家：大家好。改良盐碱地最快的方式就是用有机肥提高有机质的含量，提高它的核心肥力，肥力提高了，盐分的危害也小了。

东边种的绿肥，西边种的玉米，秸秆还田，加上有机肥，加上磷石膏，用不同的轮作方式，不同的种植方式加不同的肥料。今年是第三年的试验，从第三年的试验中可以看到土壤的肥力在提升，土壤的产能在提升，比方说小麦一亩地能增加20～50千克。大量的绿肥还田后，它对盐碱地改良，提高有机质的效果较好，产量明显提高，如果盐碱地盐分比较重的话，适合采用这个方法。

如果盐碱地盐分比较轻的话，可以种小麦、玉米。中度的盐碱地，种一茬绿肥改良效果会更快。这个地块我们种的是小麦，收获小麦以后种大豆，大豆可以固氮。不同的土壤采取不同的措施，轻度的盐碱地，小麦、玉米加上有机肥就很好，也可以穿插种植一下大豆，如果中度的就用绿肥，对土壤的改良、对效益都很好。

分镜头：插入无人机航拍玉米大田镜头

马倩：刚才我们跟随刘老师看了不同地块的一些情况，剑非姐，我们再跟随刘老师去看一看不同的田间表现好不好？

王剑非：好的。

马倩：现在我们来到轻度盐碱地的玉米试验田，大家看一下我身后这一片玉米地，长得非常旺。接下来我们将请刘老师给我们来介绍一下这片玉米地采用的土壤改良方式，它有什么样的好处，效果怎么样？有请刘老师给我们介绍一下。

专家：这个地块儿种植的是小麦、玉米一年两季的作物，轻度盐碱地可以种植两季作物，轻度盐碱地用不同的技术措施，像施有机肥、土壤改良剂，科学施用有机肥和化肥等不同的措施，化肥、有机肥、土壤改良剂等，对土壤的改良效果明显提高，产量明显提升。我们每年都会对土壤进行检测，检测结果发现秸秆不还田，有机质提升速度就慢一些，有机肥加上化肥的效果还是可以的。

这个地块是第三年的试验，共计有77个技术措施。我们计划将这个试验长期进行下去，可能进行到10年、20年甚至到30年，这样才可以看到土壤改良的长期效果。

从这3年的数据来分析，秸秆不还田，效果不明显，有机化肥加秸秆还田再加改良剂，这样的效果是最好的。土壤的产能就是核心的肥力。

另外这个地块是有机肥加化肥。从这两三年的效果看，化肥减10%～20%还行，减50%产量是减少的，这一地块主要就是对轻度盐碱地进行改良。

这个是生产磷酸一铵的下脚料磷石膏，磷石膏很便宜，几乎只需要运费钱，但是它在盐碱地大田上却有一个比较好的效果，给农民用一定要实惠，一定要方便。

这块地是刚才减了50%的化肥，科学地施有机肥加化肥。今年的玉米相对产量还是可以的。

再往前面看，那块地长得就比较差了，这是只施用有机肥，没加化肥，产量就会降低一些，需要有机肥、化肥同时配合使用。这块地全部都用有机肥，但是产量要比那一块儿可能要低20%左右。只用化肥产量是低的，比只用有机肥还要低，化肥加有机肥最好。

马倩：这一路走来是收获满满。

专家：作物不施肥产量肯定低，在这个地方的试验证明，有机肥+化肥+土壤改良剂，这3个同时用效果最好。除了看产量，还需要看土壤变化，土壤里微生物的变化，氮、磷、钾的变化，甚至结构变化，包括松紧度的变化，这样能够使地块儿除今年高产以外持续高产，明年更高产。

马倩：刚才刘老师带我们走了这几块儿玉米地，看到了玉米不同的表现，不同的施肥模式，我们确实也有不同的结果。目测地块儿不施肥的，玉米小而且很干枯，产量也低，所以最有效的方式就是有机肥+化肥+土壤改良剂，虽然看起来很复杂，实际生产上都是机械化操作，省时省工比较简单。另外我们听说还有一次性施肥技术措施，在盐碱地上也有很好的效果。咱们再去看看一次性施肥技术的地块儿。

分镜头：平视追拍人物，专家讲解一次性施肥的玉米田

马倩：农民朋友们，请跟随我们的镜头来到选用一次性施肥技术的玉米田，现在农民种地需求一方面是高产，另一方面也想减少生产的成本。刚才刘老师讲到了一次性施肥技术，农民朋友一定非常感兴趣，那么接下来请刘老师给我们详细讲解一下，如何做到一次性施肥并达到比较好的效果呢？

专家：大家好，我给大家介绍一次性施肥技术，也有叫种肥同播技术的，像玉米和小麦都是种肥同播。就是在播种玉米的时候，一个耧腿放种子，另一个耧腿放肥料，播种的同时把肥料施进去，不用再追肥。玉米一般需要追一次肥，小麦追1～2次肥，水稻要追3次肥。水稻在插秧的时候，把肥料施进去就无须再追肥了。专用的、常规的施肥设备施作物肥料，成本降低，产量提高，改善品质，更加匹配。

马倩：听了您的讲解，我们感觉一次性施肥技术确实高效，既能提高产量，又能降低生产成本。轻简化施肥技术，无须追肥，如果说播种的时候用上一次性施肥，农民种上以后去打工或者去其他地方后，无须再惦记着回家追肥了。我觉得这项技术既能提高产量，又能增加农民收入。

专家：一次性施肥技术不仅节省了生产的环节，还省了人工，省了很多道程序。

分镜头：平视拍摄专家解答网友提问小环节

马倩：我们有很多的网友也在直播节目中提出了一些关于施肥等方面的问题，希望刘老师能给大家做一个解答，网友的第一个问题是土壤浇过水之后，表面有一层白的是什么情况？

专家：不知道网友说的地块在什么地方？如果是盐碱地的话，会出现一层白盐，像盐碱那样儿，俗话说小雨勾盐，浇水少的话会把盐勾上来。他刚才说浇水如果浇的量少，不够的话，可能会把盐分蒸发上来。

马倩：这位网友您可以仔细观察一下，是不是像刘老师讲的浇水有点少，再试着多浇点水，看看是不是还出现这种情况，如果有问题也可以随时给我们留言。

马倩：第二个问题是小麦施用液态氮肥和尿素相比的话，哪个效果好？液态氮肥什么时候施用和施用的方法是什么？

专家：第一，中国实际上大部分选用的尿素，美国液体氮肥占了氮肥用量的60%以上，液体氮肥随着机械化程度的提高，播种或者追肥选用机械，液体氮肥是一个发展方向，液体氮肥的利用效率是比这个固体的要高。尿素是由液体变成固体的，所以说用液体氮肥是一个方向。

第二个什么时候用？需要根据不同的作物，可以作为追肥也可以作基肥用，基肥就是说播种的时候可以用，可以在播种之前用机械施进去，也可以播种以后追肥。

马倩：好，这位网友要根据不同作物进行不同的施肥方法，如果还有问题也可以随时联系我们。第三个问题是沙土地使用什么肥料能有效地增产？

专家：沙土容易漏肥漏水，可以用有机无机复混肥，也可以用适当的缓释型或者腐植酸结合的肥料。肥料要用相对释放速度慢一些的，不要释放速度太快的，像有机无机释放速度慢一些，也可以用像脲醛与化肥结合的。

马倩：网友的最后一个问题，怎样快速补充土壤里的有机质？

专家：快速补充有机质，一种是使用有机肥，不同的有机肥之间还是有很大差别，有机肥像鸡粪、牛粪。另一种叫生态秸秆，把它变成生物炭，生物炭提高有机质快，但是用生物炭的话一定要配合常规的有机肥。另外如何提升秸秆还田的效率也很关键，把秸秆粉得碎一些，结合深耕，这是提高有机质含量最常规的方法。

马倩：好，感谢刘老师给我们解答网友的问题，今天我们就先解答到这里，大家可以随时关注“直播三农”微赞平台，有问题可以给我们留言。

分镜头：田间试验特写读取数据，转场对比改良后的试验数据

第一个盐碱地小试验：土壤物理结构检测

王剑非：开始我们的田间科学小试验。下面请山东省农业科学院农业资源与环境研究所的刘盛林博士讲一讲土壤改良的重要性。

刘博士：大家好，因为盐碱地的土壤物理结构比较差，所以我们进行了一些试验的改良，比如说包括生物炭，包括一些有机肥或者改良剂，然后改良土壤的紧实度，提高土壤的物理结构，让作物更容易生长并获得更高的产量。

我手里拿的仪器名称是土壤紧实度检测仪，是测定土壤物理结构的一个仪器，我们先来做个小试验。盐碱地特点是紧实度比较高，物理结构比较差，我们现在可以看到仪器插入土层的确很费劲儿，是盐碱地紧实度很差的一个结构。所以我们需要利用生物炭来对盐碱地进行改良。

第二个盐碱地小试验：土壤水分、温度、盐分对比

王剑非：我们开始第二个小试验，有请山东省农业科学院农业资源与环境研究所的马长健博士，请问马博士手里拿的是什么仪器？

马博士：这台仪器是土壤水分、温度、盐分三参数速测仪，主要用来测土壤的温度和湿度，还有盐分。

王剑非：请您给我们现场测试并科普一下盐碱地水分、湿度、盐分。

马博士：大家可以看到，仪器显示土壤水分是25.9%，电导率（EC）值是162，温度是23℃。这些数据都是非常不理想的，这块地具备了盐碱地的一些明显特征。

王剑非：我们一会再去看看我们改良后的土壤数据。

分镜头：转换并追拍土壤改良后的试验田

王剑非：刚才我们是在没有经过改良的盐碱地做的两个田间小试验，现在我们跟着刘博士、马博士一起来到改良后的大田里，我们再科普一下土壤改良后的数据。

刘博士：刚才那块儿大田是没有经过改良的，这块儿大田是经过3年连续使用有机肥改良的。让我们看看改良后的这一块儿轻盐碱地土壤紧实度情况如何。

王剑非：我看到仪器往土层里插入的过程就比较轻松了，和刚才的动作明显有变化。

刘博士：我们看到紧实度是明显优于刚才未改良的盐碱地的。经过3年的改良，土壤物理结构明显变优，也就是说长期地施用有机肥，能够改善土壤的物理结构。

王剑非：通过刚才刘博士的对比试验，可以看出经过项目团队3年的土壤改良，很成功，也大大提高了作物的产量。我们马上做第二个对比小试验，请马博士再做一下经过改良后的土壤数据试验。

马博士：好的，现在可以看到EC值达到了130，温度是25.1℃，水分是22.9%，也就是说它的盐分在改良之后显著的降低，经过3年土壤改良之后，产量可以增产10%～20%。

王剑非：这些数据都是非常科学的，经过我们3年的改良的确提高

作物的产量，有效改善土壤疏松度，水分、盐分有效降低，产量明显的提高。好了。我们今天的科学对比田间小试验到此结束。

分镜头：转场室内实验室，平视拍摄专家讲解肥料知识。

马倩：科技赋能，乡村振兴，大家好，我是山东广播电视台节目主持人马倩，欢迎来到我们的科普系列《田间课堂》。

王剑非：大家好，我是山东省农业科学院农业信息与经济研究所的王剑非。

马倩：今天我们将跟随山东省农业科学院刘兆辉研究员一起走进实验室，探寻盐碱地土壤改良的好技术、好方法，我们的节目正在通过“直播三农”来进行直播，如果您有肥料方面的问题，可以随时在节目中留言。

王剑非：说到肥料，科研人员都希望把化肥和微生物复合在一起，发挥两者“1+1>2”的优势，但是化肥的盐分指数高，与微生物混合后，如何保持微生物的存活，这是世界性的难题。

马倩：刘老师，刚才剑非姐讲到了，说微生物存活应该是世界难题，难在哪？我们怎么去破解这个难题呢？请跟我们聊聊。

专家：微生物放到化肥里很难存活，大家都知道化肥是一个盐类的东西，像氯化钾、硫酸钾是盐类，尿素包括硫酸铵、氯化铵、氮肥类的也都是盐类。如果尿素在降解的过程当中产生很多氨，微生物很难存活。如何把化肥跟微生物结合起来，这对研究肥料的科研人员与农民都是个梦想，现在我们把梦想变成现实了。我们采取了一些新的技术，包括新的材料保护剂，我们用了一些海藻酸类的东西，还有其他的一些材料能够保护住它，微生物在盐与化肥里就可以存活。

化肥复合肥造粒技术是指用化肥给微生物加上保护剂以后，高压干法造粒，不会产生水渗透压。

高浓度化肥生物复合技术就是把微生物加到化肥里边去，比如说1吨化肥里加上2千克微生物就得到了4 000亿微生物菌，在储存生产过程可能减少5%～10%。微生物能够促进作物生长，提高化肥的利用效率，抗逆增产、抗病。高浓度生物复合肥虽然1吨会增加20元左右的成本，但是造粒的时候1吨却能省出来50元钱，成本比常规的复合肥成本还低。还可以根据作物需要，采用氮、磷、钾不同的配方，再配合上不同的微生物，比如说在小麦上加上一些防小麦茎腐病、纹枯病的，以及其他病害的微生物，所以微生物复合肥是今后发展的一个方向，一条生产线一年可以生产5万吨左右。

马倩：土壤改良应该遵循的原则是什么？请刘老师给我们来介绍一下。

专家：盐碱地影响作物生长主要是因为有盐分，土壤肥力较差。盐碱地改良的第一个措施是覆盖或用水将盐压下去，使盐分上不了地上并且不聚集。第二个改良的核心是提高土壤的肥力，提高土壤有机质，减少盐分危害。冬季一定要种上作物，比如说冬季种上小麦，绿色覆盖盐碱地表，覆盖以后盐分蒸发较少。

马倩：科研团队长期在环渤海区域从事盐碱地的改良工作，团队都做哪些探索？克服了哪些困难和难题？效果是否达到预期效果？

专家：山东盐碱地很多，主要分布在内陆。菏泽、聊城、德州，包括济南的商河都有大面积的盐碱地。黄河三角洲滨海地区的盐分，主要是氯化钠，很难治理，这里最大的问题是地下水位特别高，降低地下水，提高肥力是科研团队工作的重点。

我们在“十四五”国家重点研发计划项目——环渤海盐碱地耕地质量与产能提升技术模式及应用的支持下，开展了大量的工作，我们的工作重点主要是快速提高它的核心肥力。

团队也在克服田间的这种不确定性，比如今年效果好，明年效果不好，提升盐碱地土壤的肥力，开发新型快速提高有机质的肥料。

秸秆在盐碱地上分解慢，这是一个很典型的“卡脖子”问题，盐碱地盐分高，微生物量少，活性低，我们开发新的材料、新的微生物菌剂，使秸秆分解快，提高盐碱地的核心肥力。

经过几年的努力，我们形成了一些好的技术、好的经验，包括秸秆如何快速还田使土壤有机质提升，还有像研发一些新的改良剂。

马倩：为什么要在盐碱地上进行这样一个技术的研发和创新，当时是怎么思考的？

专家：习近平总书记对盐碱地的改良利用非常重视，在考察黄河三角洲时提出了向盐碱地要粮食的要求。

山东省农业科学院在寿光北部有一个滨海盐碱地改良利用试验站，我刚工作时就在试验站做盐碱地改良工作，盐碱地的面积大，产能提升潜力大，对国家粮食安全起到重要的作用。

比方说我们一个现在亩产小麦200千克或400千克的盐碱地，通过我们的技术改良措施，两年以后就可以达到500千克，所以说提高潜力大，可利用的途径和可利用的空间也大，我们把这一项工作做好，对国家粮食安全有重要的作用，广大农民朋友可以随时联系我们，我们免费给大家服务，使盐碱地的这种低产向高产稳产方向发展。

马倩：提到免费给大家服务，农民朋友肯定特别高兴。日常节目当中，有很多的听众朋友们也经常咨询盐碱地改良技术。

分镜头：专家解答网友问题环节

王剑非：有的网友问生石灰能改良盐碱地吗？可以补钙吗？

专家：山东的盐碱地，尤其环渤海地区的盐碱地，基本上是以碳酸钙为主的钙质土。生石灰是改良酸性土壤的，盐碱地本身是偏碱性的土壤，而且有的时候碱性比较强，一般pH值都是在8.5左右，所以说生石灰在盐碱地上是不能用的。

王剑非：第二个问题是如何养护土壤有益菌？

专家：盐碱地有盐分的存在是很大的一个问题，微生物的量少，活性也比较差，提高活性的最好办法就是提高有机质的含量，尤其是活性的微生物，我们叫活性的有机肥。活性有机肥像牛粪、猪粪里边的活性有机质比较多，例如1亩地，用好50千克有机肥，调动土壤微生物，使它快速去分解秸秆，当然也可以补充一些秸秆腐熟剂，补充一些有益微生物，使用一些生物有机肥，包括一些微生物菌剂，都是提高土壤微生物的一个有效的方法。

王剑非：在小麦播种的时节，农民朋友施肥应该注意哪些问题？

专家：小麦施肥应该注意的问题，一是要平衡氮、磷、钾，可以采用一次性施肥技术，也可以采用常规的施肥技术，常规在施基肥的时候，氮、磷、钾用的量差不多就行，用15：15：15三元复合肥也可以，后期注意施用一些氮肥。

二是整好玉米秸秆还田的地块，镇压播种，土壤过松可以浇一遍水。纯氮每亩整体用量在14千克，基肥里边有50%用7千克纯氮，再追7千克，这就是5：5的追肥比例，也就是50%用于基肥，50%用于追肥。如果有秸秆还田条件的话，可以每亩用上40～50千克的商品有机肥，这样能够让秸秆快速分解。

马倩：刘老师，团队未来的研发方向是什么?

专家：我们团队主要还是以土壤的改良，盐碱地的改良为主。我们的最新产品就是高浓度高活性的化肥生物复合肥产品，以产品推动各种土壤的改良，这是我们团队的一个方向，这是我们今后研究的重点。提高土壤的核心肥力，有机质怎么快速提升，这是一个重要的研究方向。

分镜头：近景跟拍基地工作人员场景

马倩：今天我们来到了山东省农业科学院黄河三角洲现代农业试验示范基地，刘兆辉老师带大家一起探秘了如何进行盐碱地改良的好方法、好技术。土壤改良在示范基地除了刘老师团队，还有其他团队也做出了很多的贡献，接下来有请工作人员介绍一下。

基地工作人员：给大家简单介绍一下基地的情况，山东省农业科学院支持国家农高区申建工作，2015年开始进行基地建设。

2017年的时候，开始承接试验，国家对盐碱地越来越关注，院内18家科研单位，院外有10余家合作的科研单位，总计有100余个科研团队在基地开展相关的研究。

目前科研设施条件比较完善，能够给科研人员提供足够的科研服务保障，依托我们基地已经发表盐碱地相关的学术论文500余篇，筛选和培育耐盐品种100余个，为农民、种植大户累计举办150余场观摩会，盐碱地栽培技术和模式有1 050余项。

马倩：经过我们科研人员的努力，现如今盐碱地不出粮的传统习惯正在被改变，昔日的荒碱滩变成了现在的米粮川。而这样的变身背后是无数关于盐碱地综合利用的探索与实践。

王剑非：开展盐碱地的综合利用，对保证国家的粮食安全，端牢中国的饭碗具有重要的战略意义。

马倩：相信在不久的将来，更多土壤改良的技术，更多适应盐碱地的高产品种，将陆续在这里亮相了，为这片土地带来更多的生机。好的，今天节目到这里就结束了，我是山东广播电视台节目主持人马倩。

王剑非：我是山东省农业科学院的王剑非，咱们下期节目再会。

拍摄工作照片

第二节 盐碱地土壤养分小知识

诊断土壤物理性不良的方法

用手触摸分级，判断是否太黏或太沙；观察土壤孔隙度，是否太密实。触摸时，取少量土样，以水湿润后搓捏，呈沙砾感是沙土；很黏重，可搓捏成条的则含黏粒多。土壤的孔隙度，土块或团粒构造，很容易用肉眼观察。

土壤养分不均衡问题发生的原因

不平衡或过量施用化学肥料，会造成营养元素间吸收的拮抗作用，无论大量、中量或微量元素都不能过量，例如氮过多作物易徒长，枝叶繁茂，易遭病害，不易开花或坐果等。

解决土壤养分不平衡的要领

了解作物品种的特性：因为不同作物对土壤的营养需求有差异，所以要先了解作物品种的需肥特性。在生长过程中，缺乏养分则以叶面补充。再进而改善土壤的本质，如酸碱不适的可以加以调整，使养分吸收平衡。如因某些养分过量不平衡所引起，则需花费较长的时间去改良，可施用腐熟度较高的有机质（如各种堆肥、腐植泥炭土等）去吸附，减少过量的危害，使其达到平衡。

配合轮作系统：土壤营养不平衡，可利用不同轮作作物来吸收多余养分而减少土壤的危害，达到营养均衡的状态，再配合适当的施肥，就可改善土壤养分不平衡的状态。

抗衡施肥：山坡地无法以水田轮作时，只靠雨水淋洗过多的营养是不现实的，除上述所提施用高腐熟度的有机质外，可以以过量的拮抗元素补救，如磷过量所引起的微量元素缺乏，即以深灌施肥或叶面施肥补充；如钾肥过量易引起缺镁，则采用硫酸镁或硅酸镁等镁肥的抗衡作用，以减少某种养分过多所引起的危害。

第八章　授粉小能手——熊蜂

第一节　熊蜂授粉脚本

（开场镜头景别：近景平视，跟拍主持人）

山东广播电视台节目主持人马倩：科技赋能，乡村振兴，大家好，我是山东广播电视台节目主持人马倩。

山东省农业科学院王剑非：大家好，我是山东省农业科学院农业信息与经济研究所的王剑非。

山东广播电视台节目主持人马倩：剑非姐，咱们今天带大家学习哪些技术呢？

山东省农业科学院王剑非：今天先到我们院的植物保护研究所的展示厅学习一下。

山东广播电视台节目主持人马倩：我们将带大家看看展示厅里都有哪些好成果？来，先跟我们走一圈看看。天敌、昆虫、蜂产品，这些都是天敌产品吗？前面是我们今天的主角——熊蜂，大家请来看一下。

分镜头：特写拍摄熊蜂盒包装，平视拍摄人物

王剑非：我相信听到“熊蜂”两个字时，观众朋友们会产生疑问，熊蜂是长的像黑熊一样的蜜蜂吗？

马倩：请工作人员帮忙拆一下外包装，让我们揭秘一下熊蜂。今天我们邀请到山东省农业科学院植物保护研究所天敌与授粉昆虫创新团队的郑礼研究员，准备请郑老师带我们探秘熊蜂授粉的新技术，欢迎大家的关注。

您好，郑老师，欢迎做客今天的《田间课堂》。今天想请您带领我们去探秘熊蜂授粉的好技术，好方法，第一站，您将带领我们去哪里呢?

分镜头：转换熊蜂生产工厂，平视拍摄人物

专家：两位主持人请先跟我去熊蜂生产工厂。现在我们已经来到熊蜂繁育的车间。

马倩：第一次来到熊蜂繁育的车间感觉很新鲜，一进来就闻到甜甜的蜂蜜味道。为什么这个车间是红色的灯光?

专家：我们现在看到的是红光，红光对熊蜂来说是不可见光，熊蜂需要黑暗的环境，不能受惊扰，只有这样才能保证熊蜂蜂群正常繁育，但工作人员却可以在红光下进行试验操作。

马倩：日常情况下，工作人员都是在红光下进行操作的?对工作人员来说的话没有什么伤害吧?

专家：对工作人员没有任何影响，因为就是普通的红光，熊蜂也不是说不可见自然光，因为授粉的时候，它都是在田间的自然光下，但是蜂巢的繁育、蜂王的产卵、蜂巢的发育，都只能在黑暗条件下完成。

马倩：黑暗条件下完成繁育需要多长时间?

专家：熊蜂群从单个的蜂王发育至田间蜂群的话，大概需要两个半月的时间。

马倩：原来两个半月后，熊蜂群就可以放飞自我到田间授粉工作了。郑老师，这边是正在制作熊蜂饲料吗?

专家：对，这是在加工熊蜂饲料。蜜蜂需要采花粉、采花蜜，熊蜂实际上和蜜蜂很相近，它也需要食物。熊蜂首先需要在车间内饲养，饲料需人工制作配制。

马倩：我们是第一次来到熊蜂的培养基地，请郑老师简单地给农民朋友们介绍一下熊蜂授粉的优势。

专家：熊蜂授粉与人工授粉相比，有很多方面的优势。可以改善果实品质。熊蜂授粉的果实非常好，外观、口感都非常好。我们平时吃的番茄经常吃到空心、无籽，有时外观还畸形，这主要是用激素蘸花造成的，激素蘸花儿只是刺激果实膨大，生产出来的番茄经常是没籽或者籽很少，里边的果汁、果肉都不饱满，影响品质。

熊蜂授粉是生物学意义上的完整授粉，熊蜂把花粉搬到柱头上，完成生物学上的授粉，这样的番茄种子特别多，果汁、果肉发育饱满，熊蜂授粉的番茄口感特别好，不仅改善品质，还可以提高产量。

另外还节省劳动力。激素蘸花，费工费时，如果雇人蘸花，一个大棚蘸花的人工成本需要上千元。而一个大棚只需要300多元的熊蜂授粉成本，就可以代替人工蘸花，节省成本并减少人工劳动强度。

马倩：听了郑老师的讲解，熊蜂授粉这项技术真的是太好了，不仅节省人工成本而且还能高产。

我们再来看一下宣传栏上的番茄的对比图，通过镜头，我们看到激素蘸花儿后的番茄，里面是空心、无籽，熊蜂授粉的番茄，果汁、果肉都非常饱满。

专家：其实不只是番茄，另外还有辣椒、青椒、草莓，包括梨、苹果、樱桃等我们常见的果树都能达到好的授粉效果。

马倩：郑老师，刚才讲到熊蜂授粉的生物学特征，您能给我们解释一下吗？

专家：为什么介绍熊蜂的生物学特性呢？我们常说到的生物授粉，可能首先想到蜜蜂比较多一些，熊蜂和蜜蜂是个什么关系呢？它俩在分类上属于一个科，两个属。一个是熊蜂属，另一个是蜜蜂属。蜜蜂可以产蜜，也可以进行授粉。熊蜂虽然和它相近属于一个科，但是却和蜜蜂的生物学特性不同，特别是在授粉方面，熊蜂表现的优势更为明显。比如，熊蜂的工蜂个头比蜜蜂要大3倍，飞行能力强，飞行半径能达到5～10千米，比普通蜜蜂要远1倍以上，所以它的授粉能力就更强。熊蜂因为个头大，携带花粉的量比蜜蜂多，授粉效果就更好。熊蜂特别耐低温，8℃以上就可以出来干活，而普通的蜜蜂像意大利蜜蜂，14℃以上才能出来干活。冬季温室大棚有时候温度比较低，熊蜂授粉的时间比蜜蜂要明显地长，授粉效果也好。另外熊蜂对气味不敏感，普通的蜜蜂不喜欢番茄花的气味，茄果类就必须用熊蜂授粉，所以熊蜂有很多生物学上的优势。

马倩：刚才郑老师介绍了熊蜂授粉的优势，那么农民朋友在具体操作过程中应该注意哪些事项呢？等会我带大家到基地大棚里，请郑老师在番茄大棚里详细讲解一下。

分镜头：转场到熊蜂授粉番茄基地，镜头追拍人物并采访

马倩：科技赋能，乡村振兴，大家好，我是山东广播电视台节目主持人马倩。

王剑非：大家好，我是山东省农业科学院农业信息与经济研究所的王剑非。

马倩：现在我们到了济南市天桥区三合林果种植专业合作社。

王剑非：接下来马上带领大家到基地大棚里看一看熊蜂是如何授粉的，请跟我们一起走吧。

马倩：剑非姐，迎面走过来的是苏博士。苏博士，您好，请介绍一下基地的情况。

苏博士：我是郑礼老师团队的苏龙。我们现在所在的位置是济南市天桥区三合林果种植专业合作社，园区属于一个中小型的种植基地，目前园区内有9个番茄大棚在使用绿色熊蜂授粉技术。全国共计有30几家熊蜂授粉的大型种植园区。园区之前对熊蜂授粉技术比较陌生，不清楚熊蜂授粉技术能否给园区带来产量提升？就选择在西甜瓜上尝试使用熊蜂授粉技术，授粉后发现果实圆润，甜度高，市场比较畅销，所以现在的9个番茄大棚都用上了熊蜂授粉技术，基地也积极主动地和我们团队对接，想下一步在草莓、樱桃上也继续用我们的熊蜂授粉产品。

马倩：前面就是熊蜂授粉的9个大棚，我们准备去哪个大棚呢？

苏博士：郑老师准备在6号大棚内给农民朋友讲一下熊蜂授粉技术。6号大棚里种的都是口感番茄。

马倩：您好，请自我介绍一下。

基地负责人：我是济南市天桥区三合林果种植专业社的负责人朱红。

马倩：刚才您和郑老师正在交流什么问题呢？

基地负责人：正在交流熊蜂授粉技术，第一茬番茄我们用的人工授粉，发现人工授粉坐果率的确不如熊蜂授粉坐果率高。熊蜂授粉技术坐果率高，果品质量也好。

马倩：我们农户经常遇到的授粉技术问题容易解决吗？怎么去解决？

专家：以前普通农户用的是激素蘸花儿，坐果容易出现畸形果，有裂瓣或者带尖，特别是内在品质不好，激素刺激果实膨大，里边种子很少或者几乎没有种子，果汁、果肉也不饱满，经常出现空果，严重影响果品的品质，导致销售价格也不高。熊蜂授粉后，对番茄品质的改善有非常好的作用。外观果形非常好，没有畸形果，内在品质特别好，口感也非常好，所以很多销售商，非常喜欢收购熊蜂授粉的番茄。

马倩：怎么观察是熊蜂授粉后的番茄呢？

专家：熊蜂授粉之后，如果番茄花儿上有浅色的褐色痕迹，就说明这朵花儿已经被熊蜂授粉过了。

马倩：是通过花儿的颜色判断授粉吗？

专家：对。观察花蕊的颜色来辨别，如果花蕊变成褐色，就说明熊蜂已经授粉。我们可以看到这个棚里边80%以上的花儿都已经授过粉了，说明授粉率还是很高的。即使有极个别的比较新鲜的花儿，例如像这朵颜色还比较均匀，褐色对比还不明显，但是也并不是说它没有被授粉，也可能是熊蜂刚授过粉，还没有显现褐色，再一个熊蜂授粉期有2～3天的时间，2～3天内，熊蜂肯定还会再进行授粉的，所以最终熊蜂授粉率能达到95%以上。

马倩：说到熊蜂授粉，我想采访一下朱总，请朱总跟我们聊聊熊蜂授粉和人工授粉的对比效果。

基地负责人：的确有明显的对比，我们第一茬番茄激素蘸花儿的时候，畸形果比较多。第二茬番茄选用了熊蜂授粉，坐果率特别好，果实饱满，圆润，我们摘一个番茄看看，熊蜂授粉番茄，口感是小时候的味道，咬一口，里面还有非常多的籽儿，自然成熟的都有番茄籽。

马倩：说到儿时的味道，脑子里反映的都是好吃的。我想请教一下郑老师，对于熊蜂授粉技术，农民朋友应该注意哪些方面？

专家：好的，我们先到熊蜂的蜂箱旁边，在蜂箱旁边讲解一下。

马倩：要靠近熊蜂了，稍微有点儿小紧张，咱俩还是都站在蜂箱的侧面吧。

专家：在蜂箱的侧面站着就可以，蜂箱正面是一个风口，熊蜂需要进进出出，站在蜂箱侧面不影响它们工作。先给农民朋友介绍一下熊蜂，因为普通蜜蜂不喜欢给番茄授粉，所以熊蜂是世界上公认的番茄授粉的最好的媒介。熊蜂给番茄授粉，方法简单好操作，那么选择什么时间开始使用熊蜂给番茄授粉呢？当大棚里边有30%左右的植株第一穗开花的时候，就可以把熊蜂的蜂箱搬到大棚里了。

马倩：原来在第一穗开花的时候熊蜂就可以授粉了，熊蜂箱放在什么位置比较适宜呢？

专家：不妨碍农事操作的地方就可以了。您看这个熊蜂箱，离地面大概有半米高，现在就是不冷不热的这样一个季节，放这个位置正好。冬天温度低的时候，可以把熊蜂箱放在高一点的位置，因为越往高处放温度越高，让熊蜂有一个合适的温度。夏天温度高的时候，可以把蜂箱放在贴近地面的位置，让蜂箱保持一个相对合适的温度。

马倩：气温低时，蜂箱要相对调整到高的位置，气温高时，蜂箱调整到低的位置，对吧？

专家：对，尽量保证蜂箱周围有一个合适的温度环境，熊蜂最合适的温度是15～30℃。低至8℃高至35℃左右熊蜂都可以工作，但温度太高，会影响熊蜂的寿命，这是需要注意的。另外，熊蜂的蜂箱放到固定的位置后，注意不要随意挪动，因为工蜂出巢访花时，会在蜂箱上做标记，工蜂回蜂箱时再进行识别，如果工作人员来回搬动蜂箱，熊蜂就找不到家，不容易回到蜂箱内。平时蜂箱不需要管理，也不用去饲喂。像蜜蜂的话，需要饲喂。像熊蜂的蜂箱下边都自带汤水儿，熊蜂有喝的东西，所以就不用人工去饲喂它，非常省工省时，这也是跟激素蘸花儿相比的优势。

马倩：真是非常省工省时。

专家：有几点需要注意的地方。一是放置熊蜂前，一定封闭好大棚。棚膜、防虫网、各个通风口都需要做好封闭，如下通风口、上通风口，以及门的出入口都需要封闭。您看这个6号大棚就封闭得非常好，熊蜂飞不出去，这样就能老老实实地在棚内干活，提高授粉效率。二是使用化学农药一定要特别注意，化学农药对熊蜂伤害特别大。

马倩：如何科学防治病虫害并保护好熊蜂呢？

专家：一是尽量减少使用化学农药，如果有病虫害的话，尽量采用生物的方法或者物理等非化学农药的方法来防治病虫害。

二是选择低毒短效的化学农药种类。我们给客户蜂群的时候都会附带着一个说明，上面列着常见的化学农药，适合选用哪些种类的化学农药，以及化学农药的残留期、残效期，需要在用药多长时间之后才能把蜂箱放置进来，一定要严格按照说明来选择合适的化学农药。

例如，明天准备打药，那么今天一定等熊蜂全部回巢后，把蜂箱盖起来，窗门关上，然后把蜂箱搬到一个不打药的大棚里。第二天打药之后，按照所打的农药化学农药种类，等它的残效期过去3～7天，无农药残留后，再把蜂箱搬进来。

将蜂箱放置合适的位置，保证工蜂来回出入方便。因为会遇到蜂蜇，你看熊蜂围着你飞时，千万不要惊慌，熊蜂不会主动蜇人，尽量不要去拍打熊蜂，只要拍打，熊蜂就会认为在攻击它，反过来就会蜇人。所以农户在使用熊蜂授粉技术时，遇到熊蜂围着农户飞的时候，首先要沉住气，只要不主动攻击它，熊蜂自己就会飞走的，尽量减少被蜂蜇的伤害。

检验熊蜂授粉效果，要以花儿的授粉率为标准。例如，有些农户觉得蜂箱里有70～80只工蜂，为什么却只飞出来10只干活？这是因为大部分工蜂需要在蜂箱里帮助蜂王饲喂幼蜂，打理蜂巢，只有少数的工蜂进行采集花粉工作。有的农民朋友感觉工蜂出来的太少，人工把蜂巢盖掀开并将工蜂赶出蜂箱，蜂巢被破坏之后，整个蜂群也会很快衰败，所以并不是出来的工蜂越多越好。正确检验授粉率的标准是，随机检验花儿的授粉率达到60%以上，最终的授粉率会有95%以上。所以说大家检验授粉效果，要以花的授粉率为标准，而不是以工蜂出来的多少为标准。

马倩：好，接下来请朱总谈谈采用熊蜂授粉技术后的感受。

基地负责人：我感觉采用熊蜂授粉技术后，省时省工，工作效率高。主要是因为番茄花穗较多，一个棚两亩地的话，两个工人一天8个小时蘸花，也需要三天才能完成，费时费工，增加成本投入。

马倩：郑老师，团队在熊蜂授粉技术方面还做哪些研究？

专家：我们这个团队现在成立将近10年的时间。团队把熊蜂授粉技术，包括天敌昆虫生物防治技术作为核心的研发内容，现在已经能够实现产业化来繁育熊蜂。团队进行了多方面的研究，首先是熊蜂蜂王的培育，和其他动物一样，需要培育优质的蜂王。然后团队改进熊蜂工厂化生产的一系列关键技术和工艺流程。

例如，团队攻克蜂王培育过程中的治愈调控技术、蜂王的人工控制交配技术、熊蜂饲料的配制技术以及工厂化生产，包括机械设备等制作改进工艺等，最终形成国际先进水平的工厂化生产技术。

马倩：在成果转化与应用方面，团队做了哪些工作？

专家：团队目前已经实现熊蜂的工厂化繁育并进行了大量的熊蜂授粉示范和推广工作。例如设施番茄、青椒、茄子等茄果类作物，以及果树、草莓等需要人工辅助授粉的设施作物，都可以用熊蜂来进行授粉，提高产量，改善品质，节省劳力。最近几年，团队又在大田作物上进行了大量的示范推广工作，比如山东的苹果、梨、桃、樱桃、蓝莓等大田露地果树上也采用熊蜂授粉技术，通过这几年的应用，表现的效果也特别好。

果树大部分都具自交不亲和性，需要人工干预进行授粉。过去都是采用壁蜂给果树授粉，近几年由于自然种群数量下降而造成果树产量的损失。例如，烟台果树种植面积非常大，去年有部分地区因为果树授粉不足，造成减产30%左右。所以熊蜂授粉技术有很大的市场应用场景。

马倩：请郑老师再谈一谈团队未来的发展方向。

专家：未来的熊蜂授粉应用市场非常广阔。山东有900万亩的果树需要熊蜂授粉，1 500万亩的设施作物中大概有1/3的作物也需要熊蜂授粉技术，而我们目前应用熊蜂授粉技术的面积只占其中很小的比例，可能还不到10%。

为了将来适应广大市场的发展要求，团队目前也有一个设想，不仅在山东省农业科学院进行熊蜂产业化生产，在其他设施果菜的主产区也需要进行产业化生产。例如，目前在寿光已经建立熊蜂工厂化生产基地，后期将在其他的菜篮子像临沂地区、聊城地区，烟台的果树主产区等，我们都要建立工厂化繁育基地，这样更有利于熊蜂授粉这项技术应用市场，为山东的农业发展发挥更大的作用。

马倩：农民朋友们，蜂业是现代农业的重要的组成部分，熊蜂授粉技术在为农业增产、农民增收、生态环境改善方面发挥着不可替代的作用。随着现代农业的快速发展，设施果树的面积在不断扩大，熊蜂授粉的需求也在不断地增长，希望在我们节目的宣传推动下，能够大力地推广熊蜂授粉技术，为山东的农业健康发展做出更大的贡献。

好了，朋友们，今天的《田间课堂》到这儿就结束了，我是马倩。

王剑非：我是王剑非，我们下期节目再见。

直播中的工作照

第二节 熊蜂小知识

熊蜂授粉的优点

一是避免了激素引起的畸形果，防止激素残留；二是优质增产，果实可自然形成种子，大小均匀一致，味道天然；三是显著提高果菜产品的商品性能和售价；四是省工省力，减小劳动强度和劳动力；五是产品能够达到向欧美及日本等发达国家出口的质量要求。熊蜂授粉技术的研究与应用，对于保证农产品优质安全、促进农民增收致富和出口创汇均具有重大意义。

熊蜂是膜翅目蜜蜂总科熊蜂属的一种社会性昆虫，是多种植物，特别是豆科、茄科植物的重要授粉者。熊蜂具有蜂王、工蜂、雄蜂3个级型。蜂王主要是负责产卵，工蜂主要是负责采集食物、筑巢、饲喂幼虫、清理卫生，雄蜂主要是交配繁衍后代。自然界中，熊蜂大多数地方都是一年一代。

熊蜂主要特性

一是可以人工周年繁育。即在人工控制条件下缩短或打破蜂王的滞育期，在任何季节，都可以根据温室蔬菜授粉的需要而繁育熊蜂授粉群，从而解决了冬季温室蔬菜应用昆虫授粉的难题。

二是有较长的吻。蜜蜂的吻长为5～7毫米，而熊蜂的吻长为9～17毫米，所以，对于一些深冠管花朵的蔬菜，如番茄、辣椒、茄子等，用熊蜂授粉效果更加显著。

三是采集力强。熊蜂个体大，寿命长，浑身绒毛，飞行距离在5千米以上，对蜜粉源的利用比其他蜂更高效。

四是耐低温和低光照。在蜜蜂不出巢的阴冷天气，熊蜂照常可以出巢采集授粉。

五是趋光性差。在温室内，熊蜂不会像蜜蜂那样向上飞撞玻璃，而是很温顺地在花上采集。

六是耐湿性强。在湿度较大的温室内，熊蜂比较适应。

七是信息交流系统不发达。熊蜂的进化程度低，对于新发现的蜜源不能像蜜蜂那样相互传递信息，也就是说，熊蜂能专心地在温室内采集授粉，而不像蜜蜂那样从通气孔飞到温室外的其他蜜源上去。

八是声震大。一些植物的花只有被昆虫的嗡嗡声震动时才能释放花粉，这就使得熊蜂成为这些声震授粉作物（如草莓、茄子、番茄等）的理想授粉者。

熊蜂授粉方法

1. 熊蜂授粉群的准备

购买或者租用健康合格的蜂群。运输蜂群时，关闭巢门，运输工具清洁无毒，运输过程平稳，温度在8～30℃。蜂箱内备有适量的花粉和浓度为50%～60%的糖液。

2. 蜂群使用

时间：15%～20%的植株开花时即可引入蜂群。应在傍晚（17：30—19：00）时将蜂群放入设施大棚，第二日早晨（6：00—7：30）打开巢门。

数量：对于大部分设施果菜（如大果番茄、黄瓜、茄子、辣椒、西甜瓜等），按照1个蜂群承担600～1 000平方米的授粉面积配置；对于花量较大的设施果菜（如樱桃番茄、樱桃、蓝莓等），根据实际情况适当增加蜂群数量。

摆放：蜂箱放置在通风、防潮、不受阳光直射的位置，不宜移动，并注意防止蚂蚁等对蜂群的危害。春季使用熊蜂授粉时，蜂箱放置在大棚中部，垄间的支架（离地面20～50厘米）上；秋冬季使用熊蜂时，蜂箱放置在设施大棚北侧墙体的中上部，高度以不影响农户正常行走为宜；连栋玻璃温室内使用熊蜂时，蜂箱均匀放置在不妨碍正常农事操作的地方。

巢门状态：分正常使用状态和移出关闭状态。正常使用时，蜂巢门置于可进可出的状态。如因打药等原因需将蜂群移出设施大棚时，可在打药前一天16：00—19：00将蜂巢门置于只进不出的状态，待工蜂全部回巢后，将蜂巢门关闭后移出。

饲喂：一般不需要饲喂，但当蜂箱内缺少糖液时，可在蜂箱巢门附近放置一浅碟，内盛浓度50%～60%的蔗糖液，每两天更换1次；同时在碟内放置草秆或小树枝，供熊蜂取食时攀附。

使用时间：每群蜂有效授粉时间为45天左右。达到此时间后，应根据番茄花授粉情况及时更换蜂群。

3. 授粉效果检查

蜂群放入设施大棚3～5天，随机查看60～80朵番茄花的授粉情况，如果60%以上的番茄花有授粉标记，表明授粉正常，无须更换或补充新蜂群；如果低于60%的番茄花有授粉标记，表明授粉异常，应及时查明原因，采取相应补救措施。

4. 设施大棚管理

安装防虫网：设施大棚通风口安装60目的防虫网，防止熊蜂飞出和害虫侵入。

控温控湿：熊蜂授粉期间，设施大棚内温度应控制在15～30℃，白天湿度控制在30%～90%。

第九章　气温变化大，苗期小麦如何管理

第一节　小麦脚本

（开场镜头景别：近景，平视拍摄主持人开场白）

山东广播电视台节目主持人马倩：科技赋能，乡村振兴，大家好，我是山东广播电视台节目主持人马倩。欢迎来到今天的科普系列专题《田间课堂》。

山东省农业科学院王剑非：大家好，我是山东省农业科学院农业信息与经济研究所的王剑非。

山东广播电视台节目主持人马倩：为了引导农民科学种田，实现小麦的高产优质丰产丰收，根据作物的生产规律，结合农时总结工作技术经验，理论联系实际，那么今天的《田间课堂》，我们就小麦优质高产配套栽培技术进行一个全面的讲解，以便咱们农民朋友在生产当中加以推广和应用。

山东省农业科学院王剑非：近期全国的气温与同期比偏高，那么农民朋友的问题就来了，这种情况下小麦如何进行管理呢？想要高产并且种出高质量的小麦，大伙儿该怎么做呢？

山东广播电视台节目主持人马倩：别着急，今天的《田间课堂》，我们来到了山东省农业科学院作物研究所试验基地，特意邀请到了山东省农业科学院作物研究所的张宾研究员，将在直播中详细地给大家讲解提高小麦产量质量的方法和策略，以求更好地促进小麦种植业的发展，欢迎您的关注。

我们的节目正在通过山东乡村广播的微信公众号和山东广播电视台农科频道的种地宝典、视频号、抖音号同步直播，如果您有关于小麦管理的相关问题需要咨询的话，欢迎您通过以上方式来给我们留言，那么接下来的时间让我们一起去找张老师。

分镜头：近景平视拍摄人物

王剑非：张老师，您好！刚刚我们有听众打来电话咨询，自己家的小麦和邻居是同一时期种的，但是自己家小麦却比邻居家的要高很多，这是怎么一回事儿呢？

专家：小麦旺长有以下几种情况，第一，农户地里的土壤墒情比较好，小麦种下去以后，生根发芽就比其他农户要快得多。第二，与播种的深度也有关系，另外和品种也有一定的关系，有一些小麦确实是跟天气有很大的关系，今年气温一偏高，小麦长得就快。

马倩：刚才张老师讲到两点原因，品种与气温。今年气温的确与往年同期比要偏高。咱们基地试验田里有没有出现小麦旺长的情况？

专家：整体来讲，我们的试验田还没出现旺长的情况，但是如果气温再持续偏高，地里也会出现旺长，为什么呢？您可以看到，小麦目前已经长到三叶一心。

试验田播种量每亩一般在18斤左右，所以地里的基本苗也就在18万左右，那么像农户开始播种时就有30斤或者是35斤左右，那么它的基本苗就是30万株左右，整整比我们的试验田里多出来接近1倍这个情况。

如果小麦长一个分叶的话，我们地里基本苗有36万株，那么农户地里长一个分叶的话，基本苗将达到60万株，也冬天的壮苗标准是60万～80万株，所以农户地里只要长一个分叶，就达到壮苗标准，如果再长一个分叶，到90万株左右就达到旺苗的程度了。

马倩：农民朋友最感兴趣的话题是怎样才能预防旺苗？如何控旺？请张老师给大家讲解一下。

专家：现在解决控旺最有效的措施就是镇压。镇压并不是说我们播下种就镇压或者一出苗就镇压。当小麦长到三叶以上的时候，有一个自动恢复生长的能力，如果此时地里比较干，可以用镇压器在地里走一遍，小麦由直立状态变成一个倒伏或者匍匐状态，小麦地上部受到一个物理的损伤后，小麦根系还会继续生长，根系反而会长得更好一些。因为通过镇压以后，土壤比较紧实，根和土结合得更加紧密，吸水也更好，地上部分因为镇压以后生长受到抑制，相对长的就比较缓慢，这样就起到控制小麦旺长的一个效果或者作用。

马倩：镇压控旺是一个很好的方法，控旺还有没有别的方法呢？

专家：控旺还有第二个方法就是化学调控，但是不太提倡。当播种量偏大后的小麦实在不好控制旺长，在冬天也可以适当地喷一些化学调节剂，像矮壮素之类的，让麦苗更健壮一些。今年因为气温偏高，有一些地方的小麦第三片、第四片叶子已经长到20厘米以上，实际上就出现旺长的情况，一般正常年份的叶子也就10多厘米。

马倩：明白了。您看这边小麦长势都特别好，但是那边好像有缺苗断垄的情况，咱们走过去看看怎么回事，您再给大家分析一下，好不好？

专家：我给观众朋友们解释一下，我们试验田里有机械来回碾压的回击区，在农村叫横头，这块地从南到北是一个由高到低的趋势，大家可以看出来，土壤的含水量比较低。小麦播种的深度在3～5厘米，那么我们扒到3厘米以下或者5厘米以下，它仍然是一个干土，也就是说小麦没有生根发芽的条件，就会出现种子不萌发的情况，也就会出现缺苗断垄的情况。一般5厘米以上无苗就算是缺苗，10厘米以上无苗就算断垄。因为地比较干，播得相对比较深，苗子出得就比较晚，降雨或者浇水以后，一些种子还会继续萌发，就会出现长得不齐的现象。

马倩：原来是这样，这块回击区主要是土壤干燥不适宜种子的发芽生长。

专家：如果是农户的话，那么他遇到的问题会更多，情况会更复杂。有翻耕的，有深松的，有悬空的，地表的环境更复杂，出现的情况会更多。要预防缺苗断垄的现象，首先需要保持土壤的湿润，我们提倡小麦适墒播种，遵从小麦生长播种期的规律，如果播太早，它就容易出现旺苗，播得太晚，它就容易形成弱苗，播量和墒情要不断地去调节，小麦播种需要因地制宜，生态制宜。

马倩：所以播种的时期也非常关键，也非常重要，对吧？张老师经常走到田间地头，为我们广大农民解决很多小麦种植管理方面的难题，您觉得农民的麦田缺苗断垄的现象多不多？

专家：这种情况是比较多的，为什么比较多？小麦生产当中还主要是以旋耕播种方式为主，不像我们在试验田里翻耕后就可以整地播种。我们的试验田地面上，没有秸秆裸露在外，大部分的农户都是在玉米收获后，然后秸秆粉碎还田直接旋耕播种。旋耕播种以后，好多的秸秆在地上，有的有苞叶，有的长、有的短，这样就会导致什么问题出现呢？第一，就是我们播种的时候，播种机受秸秆的影响，秸秆在行里出现拥堵的情况，拥堵把前面的土堆起来，造成播种的种子裸露在外，出现缺苗断垄的情况。第二，秸秆没有产生拥堵的现象，但是地表正好是一个秸秆的粉碎行，种子播到秸秆上，出现种子没跟土壤接触，没有发芽的条件。

马倩：节目刚开始时讲到温度高容易出现旺长等情况，我注意到天气预报提示，过几天又要降温，这对小麦又有什么样的影响呢？

专家：一般来讲小麦在苗期还是比较抗寒的，对冷空气有较强的抵御能力，即使是温度降得比较大，问题也不是很大。但是去年11月底曾出现一个断崖式降温，从去年的天气预报可以看出来，气温从17～18℃，一下子降到了-8～-7℃，有些地方24小时的降幅达到20℃，由零上变成零下，小麦没有经历低温的锻炼，就会出现冻害的情况。

今年看天气预报，温度会降到5℃左右，由28℃降到5℃左右，并不是24小时内从28℃降到5℃，温度缓慢地下降，或者说它降幅不会超过10℃，小麦是可以抵御这种降幅的，不会像去年大面积出现小麦叶片冻害或者甚至死苗的情况，今年应该要比去年更好一些。

马倩：小麦说我有时候可以忍，有时候不能忍，比如说从20℃降到零下几度的话，我就坚决不忍了，肯定要给点儿“颜色”看看，是吧？

专家：我们人也一样，跑到浑身大汗后，这时候冲一个凉水澡也会感冒。而且老人和年轻人也不一样，有的人体质好，有的人体质不好，所以小麦品种也是比较关键的。

马倩：我们现在的区域是山东省农业科学院的小麦试验田，大概有多少亩小麦？

专家：因为这片区域改建了一个蔬菜大棚，现在只有300多亩地，原先有500多亩地。

分镜头：追拍平视转换水浇地场景

马倩：张老师，您现在准备带我们去哪块地儿？

专家：给大家讲一下，我们单位好几个研究团队都在这块试验田里进行试验。最西边是我们小麦栽培团队进行的小麦栽培试验。咱们先往浇水的地块看看，小麦只要长出苗来以后，就有一定的抗旱性，短期内不会受到干旱的影响。

马倩：其实小麦浇水也很关键，水的多与少，或者是怎么浇，对小麦的生长也起非常关键的作用，有没有这个说法？

专家：有这个说法。不同的时间段儿，小麦对水分的需求是不一样的，上下层土壤都比较湿润，适于小麦生根发芽。如果在10月上中旬播种，10月10日之前我们就可以先造墒，造墒并不是大水浇灌，现在农村地里大水漫灌很少，一般都是节水灌溉，小水灌溉到15厘米左右的土层时就可以整地作业播种，实现小麦一播全苗。

如果到10月30日左右，应该先播种，再浇地，为什么呢？因为小麦播完已经是10月底了，霜降以后，虽然气温还是那么高，但是节气到了，冬天有效的积温并不多，要保证小麦有一个生长的时间，生长时间内有足够的低温，小麦才能够正常地生长。

分镜头：近景平视追摄，专家讲解管理技术

马倩：朋友们，如果您有任何关于小麦栽培管理方面的问题，都可以给我们留言。请张老师在直播节目中再详细讲解一下小麦管理的技术要点。

专家：我们团队承担了国家重点研发计划项目——节水丰产小麦品种的鉴选，这块试验地做了一个控水的处理，旁边那块地是我们做的一个播量的试验，可以看出播量试验有两个品种，第一个是籽粒相对比较大，大粒大穗的优质小麦。另外一个是多穗型的，籽粒相对小一点。同时间段儿播种，但是两个品种的生长发育是不一样的，一个品种平均是3.3片叶子，一个品种平均是2.8片叶子，差了0.5片。我们可以拔几株比较一下，这株的第一片分叶已经长出来了，长到三叶一心的时候，叶子和叶子基本上是同生关系，叶子大小都差不多，如果再长成一片完整的

叶子，还会有一片小叶从新叶里面长出来，那么在第二片叶里边又会出现一片分叶，这就是要用播量控制小麦分蘖成穗的能力，如果在冬天形成分蘖的话，它会形成3片以上的大叶，它就有形成穗子的这种能力，所以说我们一定要控制播量。

小麦播量大了，分蘖就会造成缺位，只有主茎成穗。特别是播种质量不好的，播量越大，越形成一个恶性循环，造成群体通风不好，抗病能力也会减弱。

马倩：您看讲到播量的问题了，有农民朋友想咨询一下小麦密度问题。

专家：我们试验田的密度就是每亩在18万～20万株，经过这几年的试验，苗控18万株左右可均匀地分布到地里。所以我们推荐农户的农田小麦密度在18万～20万株就完全可以了。

如果农户播种量特别大，每亩在30～35斤，我建议可以适当地降一下，降一下可以达到小麦苗全、苗齐、苗匀的状况。

马倩：所以并不是小麦密植越高，产量越高，大家一定不要有这样一个误区。

专家：我也一直在思考，为什么农户的播量就是不降呢？我了解到有两种情况，第一种，可能是以偏概全，但是也会有这种情况出现，如果说我是一个种子的经销商，那么我希望你多买我的种子。第二种，是机械化播种的问题，现在很多都是采用拖拉机去播种，拖拉机播种后的出苗，绿油油的苗成垄成行的，播种量越大，苗子越明显，但并没有从小麦生长特性上去考虑，实际上我们并不需要那么多种子，二十五六斤就足够。

分镜头：插入无人机航拍小麦大田镜头

马倩：张老师，我们继续边走边聊，您还有哪些好的小麦生产管理建议给大家传授一下。

专家：好的，我从事小麦栽培有十几年的时间，今年和农户交流比较多的就是提高小麦产量的问题。

现在全国以及山东都在想办法提升小麦单产。要提高小麦的产量，气候是前提，地力是基础，良种良法配套才是关键，我们能做好的就是良种良法的配套。

实现高产的第一步是提高小麦的整地播种质量。首先要做好秸秆还田，现在有好多农户为了节省秸秆还田的费用，玉米收获以后直接用旋耕机整地，不管整地质量如何就开始播种，整地质量做不好，播种质量肯定也不会好，出苗质量更不会很好，所以小麦管理由原先的三分种七分管，改到现在的七分种三分管，整地播种质量是很关键的。

播种质量保证后，转到小麦的生产管理关键环节。生产管理的每一个环节必须做到位，才能保证小麦丰产。为什么这么说？因为小麦生长有季节性，生长发育具有不可逆性，长根出苗的发育季节，一旦错过，不可补救。所以每一个作业环节都要做到位，确保小麦生长。

马倩：您再给农民朋友梳理一下，小麦生产管理的几个关键环节，农民朋友有问题欢迎在我们的直播平台上留言，过一会儿将给大家解答。

专家：小麦生产从播种到收获，山东大约是230天，接近8个月的时间。

小麦如果要获得高产的话，第一是选择比较好的良种，综合抗性要强。

第二是进行种子的处理。现在气温比较高，大家从拔出的苗子后可以看出，小麦实际上已经受到虫子的为害了，这是为什么呢？因为气温高会造成小麦蚜虫为害，通过拌种或者包衣就完全可以避免苗期甚至拔节期的虫害，所以要进行种子的处理，对种子进行包衣或拌种。

第三是做好水肥管理，像去年的小麦一样，浇灌越冬水，就可以实现小麦减损，缓苗也比较好，没有受到冻害，越冬水能保证小麦安全越冬。

第四是肥料的管理。一般浇越冬水不会施肥，肥料的管理一般都在拔节期7节或8节左右，结合浇水进行追肥。追肥有一次性施肥，也有一些缓冲施肥，小麦生长期比较长，需要一个追肥作业。

第五是注意除草。现阶段地里只有一些散落的玉米苗，很少有杂草，如果时间再往后就会有杂草的发生，杂草防治也是小麦高产的关键，特别是在小麦拔节之前，有些小麦杂草长得比较旺。

第六是需预防倒春寒。倒春寒一般是在4月中下旬，我们要应对倒春寒天气，预防倒春寒对小麦的影响。

第七是防治小麦开花后的白粉病、赤霉病等病害。白粉病是因为阴雨天气，空气湿度比较大，往往叶片上会长一些白粉。赤霉病也是因为在开花的时候有阴雨或者是有大雾天气，造成麦穗或者茎秆受到感染，就出现赤霉情况的发生。

防治病虫害发生，小麦后期的一喷三防或者一喷多防管理要做好，保证小麦能够增产增收。

第八是收获的环节，一定要适期收获。适期收获减损，现在山东做了一个减损大比武，大比武就是说我们丰收了，我们一定要颗粒归仓，不要让种子撒落到地上。

马倩：预防病虫害是非常重要的吧？

专家：这也是很关键的，因为前期浇水各方面做得都很足了，但是如果病虫害出来，没有及时并合理地把病虫害消灭掉，可能后面还会出现问题，例如蚜虫等问题。

蚜虫的繁殖速度是很快的，一般来讲4～5天就能繁殖一代，特别是到小麦穗期，孕穗以后，这一代的蚜虫在整个叶片的正反面都有，穗子上也有，所以一定要把蚜虫防治住。当然还有一些其他的虫害需要防治。

分镜头：近景平视拍摄，专家解答网友问题环节

马倩：我们的观众朋友非常热情，也非常愿意学习，给我们直播平台留了很多问题。首先来看第一个咨询问题，小麦苗期管理到底是先浇越冬水还是先打除草剂？

专家：我认为如果要打除草剂的话，应该是先打除草剂，除草剂发挥作用之后，我们再浇越冬水，为什么是这样？因为杂草在苗期的抗药性是弱的，因为苗龄小，抗药性较弱，一旦浇水后，杂草也会适宜扎根生长，根系发达后，杂草的抗药性、耐药性就会增强。

马倩：先打除草剂再浇越冬水，这位朋友清楚了吗？第二个问题是播种引发的出苗不好，如何来补救？

专家：播种要看什么情况？第一种情况，如果整地不好，或是有秸秆在地里，播种后马上要镇压。第二种情况，如果说镇压还不能完全解决，那就是墒情不好，再浇一遍水，通过浇水也能起到一个沉湿土壤的作用，镇压和浇水，可以增加出苗的概率，小麦苗也会壮实一些。

马倩：继续下一个问题，苗期病虫害防治需要注意些什么？

专家：对于病虫害防治，第一，建议播种时一定要进行拌种或者包衣。第二，小麦在起身拔节之后，我们要到地里去看一下，拔出一两株苗子看看根部是否干净，如果非常干净的话，那就没必要去防治病害。如果拔出病株，就需要进行防治。进行防治时，喷雾器的喷头一定要向下，现在的植保机，喷头都是朝下的，这样喷药能够作用到病菌为害的部位，苗期病害都是在土壤的下边，所以要在拔节之前，进行充分的病虫害防治。

马倩：最后一个问题，麦苗什么情况算是旺长？如何控制冬前旺长，农民朋友对这个问题真的是非常关心。

专家：用我们这块试验地来举例，首先可以看出麦苗叶片非常地细长，麦苗一般前几片叶子都在15厘米以下，如果最近气温偏高，水分充足，有可能长得比较高、比较快，叶片细长以后比较嫩，那么这就是一个旺长的症状。如果从群体上来看的话，数一段基本苗，如果农户的地里每亩有30万株基本苗的话，或者播种量是30斤左右的话，可以认为是30万株的基本苗，那么如果长出一个分叶来，就是60万株基本苗，如果再长出一个分叶来，就是90万株基本苗，会形成旺苗。旺苗会影响小麦的抗冻性，造成产量下降。

今年霜降以后气温仍然偏高，农户担心小麦旺长与冻害。我们可以给大家解释一下，第一，今年冻害风险概率肯定要比去年小得多，目前从天气预报可以看出，虽然降雨比较少，但是气温的降幅并不会很大，所以说小麦的冻害在近期我们没有看到。

第二，因为小麦前期的墒情比较好，去年因为冻害以后，大家早播的面积相对少一点，再加上今年玉米收获也比较晚，所以适期播种的面积相对比较大，现在苗情还是比较好的，这也是冻害发生率比较小的一个主要原因。

第三，我们还有相当大的一块地可能是播上种以后没出苗，建议大家到地里去看一看，有一些地块可能小麦正在生根发芽中，但是在水分不足的情况下也建议小水浇一下，能够确保小麦正常出苗。

马倩：好的，谢谢张老师，今天张老师梳理了关于小麦管理方面的知识，希望大家都已经记下并运用到生产当中去。

朋友们，随着人们生活水平的提高，对于粮食的要求也是越来越高了，在小麦的种植过程当中，通过多种措施提高小麦的产量以及质量，是促进小麦种植发展的有效手段。

王剑非：也能够更好地增加广大农民的收入，满足社会化的需求，有助于社会和谐的稳定发展。好了，朋友们，今天的《田间课堂》就到此结束了，我是王剑非。

马倩：我是马倩，咱们下期节目再会。

直播节目工作照

第二节 小麦生产管理小知识

小麦喷叶面肥会不会过量呢?

小麦形成的籽粒，我们叫“库”，储存干物质。根系吸收的水分，叶片制造的光合产物，都要运输到库里，叶片制造的光合产物就是一个“源”，这个“源”的大小就决定这个籽粒的大小，“库”储存干物质的多少就能决定产量，所以根系吸收能力下降了之后，喷施几遍叶面肥可以增强地上部的光合生产能力，增加原料供应，可以提高产量。

小麦干热风怎么防?

气象上日平均气温超过30℃，空气湿度低于30%，西南风的风速超过每秒3米，就达到干热风的标准，对小麦的产量影响很大，因为小麦的光合作用最适温度是25℃，超过25℃光合能力就下降了。一旦干热风来了以后，小麦的蒸腾失水会加速，因为温度高，空气湿度低，而根系在籽粒灌浆期衰老了，吸收能力不行，可能造成植株体内缺水，影响代谢，进而影响产量。防治干热风的有效措施，是使田间小麦空气湿度大幅度地提高，减少干热风的影响。一喷三防，防虫、防病、防早衰，防早衰其实是从防干热风开始的，表面是防干热风，实际上是防早衰，也可以通过喷施叶面肥来达到防治干热风的目的，喷施叶面肥的过程中加点尿素，加上一点多糖类的物质，效果良好。

除草剂怎样正常地操作?

（1）选择合适的除草剂。每种除草剂都有自己的防除对象，根据田间草相选择合适的除草剂。

（2）除草剂要严格合理使用。每种除草剂都有特定的使用作物，且每种除草剂都有合理的使用剂量，不能盲目地在任何作物上都使用，也不能随意加大除草剂的用量。

（3）喷雾器械合理使用。除草剂喷雾器最好是专用，因为除草剂的选择性都是相对的，残留在喷雾器里的除草剂有可能对其他作物产生药害。一般在作物播种后，苗前杂草还没出来，土壤进行封闭处理，杂草在萌发的过程中接触到土壤表层的除草剂就慢慢死掉。前期土壤处理时没控制住，可以在杂草幼苗期，2～5叶期或者7～8叶期杂草比较小的时候，用相应的登记的药剂进行防治，再一个就是用药量，要控制用药量，按照除草剂的推荐用量使用。

小麦什么时候打除草剂最好？

小麦田打除草剂有两个时期。一是冬前11月中旬；二是冬后返青初期。在草龄较小的阶段，使用适量的除草剂就可以达到较好的除草效果。现在推荐尤其是防除禾本科杂草最好在冬前11月中旬进行防除，喷药之后两三天内最好不要有零下的温度，否则容易致使后期小麦黄化。

第十章　多彩的番茄

第一节　多彩的番茄脚本

（开场镜头景别：近景，跟拍主持人开场白）

山东广播电视台节目主持人马倩：科技赋能，乡村振兴，大家好，我是山东广播电视台节目主持人马倩，欢迎来到今天的《田间课堂》。

山东省农业科学院王剑非：大家好，我是山东省农业科学院农业信息与经济研究所的王剑非。

山东广播电视台节目主持人马倩：全国蔬菜看山东，大家都知道咱们山东有三大菜园，北有寿光，南有兰陵，西有莘县。

山东省农业科学院王剑非：是的，咱们农业大省山东始终将蔬菜稳产保供牢牢地抓在手上，依靠科技的力量给全省乃至全国人民一个丰富的菜篮子。

山东广播电视台节目主持人马倩：那么什么样的番茄好吃呢？今天我们节目组就来到了济南农耕示范园，邀请到山东省农业科学院蔬菜研究所茄果蔬菜育种与栽培团队负责人侯丽霞研究员，侯老师将带领我们一起去揭秘怎么种番茄才好吃。接下来咱们首先去园区里走一走，这个园区真的是非常大，剑非姐，您来过吗？

山东省农业科学院王剑非：我也是第一次来这个园区。

分镜头：近景追拍并平视人物

马倩：您好！请来迎接我们的负责人自我介绍一下。

园区负责人：大家好，欢迎各位来到我们济南农耕示范园，我是园区的负责人孙田雨。

马倩：孙经理给我们介绍一下园区，让广大的农民朋友多了解一下园区好不好？我们一边走一边介绍吧。

园区负责人：济南农耕示范园是首批国家农作物品种展示评价基地，是全国农技中心在全国设立了3个蔬菜展示基地的核心展区。我们园区现在大致可以分为冬暖棚展示区、温室展示区、大拱棚展示区、露地展示区4个部分。

园区展示蔬菜大类有20余类，共计3 540个品种。大家看到右手边是我们甘蓝的一个展示区，仅甘蓝的话，一个品种就达到了100多个。

马倩：甘蓝展示区大概有多少亩？

园区负责人：甘蓝展示区是2 020亩。

马倩：孙经理，您看我们右手边大棚里面种的都是番茄吗？今天我们想请侯老师给我们介绍关于番茄方面的技术。

园区负责人：侯老师这会儿正在3号番茄棚内，我们一起去3号棚看一下。

马倩：侯老师，您这会儿正在棚里进行哪些工作呢？

专家：我在查看番茄的品种表现，包括抗病性这一块儿，前段时间温度比较高，今天又突然降温了，最近温度变化太快，所以今天过来看看番茄的品种表现。

马倩：侯老师，3号棚里都种了哪些番茄品种？

专家：一共有21个品种，都是我们番茄课题组自己选育的，这一半儿是樱桃番茄，那一半儿是口感番茄。大家可以看一下，这个棚里面的番茄不仅抗病性好，口感、颜色也都很好。

马倩：一个棚里就展示21个番茄品种，课题组太棒了。

专家：这个棚里边的农科2号、农科3号、农科4号都是抗病毒品种，农科3号是我们的一个对照品种。这块区域种的是普罗旺斯，也是我们在一些地区做口感番茄用的比较多的一个品种，但这个品种不抗病毒病。我们可以看这块区域有一些病毒病比较集中。

马倩：看着番茄叶儿都萎缩了。

专家：这是非常常见的番茄黄化曲叶病毒病，主要是由高温天气烟粉虱引起的。普罗旺斯是一个不抗病毒的品种。病毒病发生的主要原因是温度过高，济南前一天的温度到了30℃。

马倩：气温造成的病毒病，是吧？

专家：对，高温干旱，虫害比较重，病毒病发生的概率高。对一些不抗病毒的品种，我们在管理上要格外用心。

马倩：像这种病毒病暴发，往年这种情况多不多见呢？

专家：其实也有发生，不过今年大环境温度比较高，就发生的比较普遍一些。

马倩：关键是怎么样去预防病毒病发生？比如说温度高是不可控的，这种情况下我们农民朋友应该如何防治呢？

专家：苗期属于高温期时，我们一定要选择抗病毒病的品种，这是一个首要因素。如果品种不抗病的话，应该从栽培管理上去管控，例如大环境温度升高没法控制，但是大棚内的小环境温度我们可以调控，一是可以选择加遮阳网控制温度；二是可以加一些喷雾，喷雾降低温度，增加空间湿度，刚才我们说到高温干旱容易发生病毒病，在夏季的时候，可以通过遮阳网把光照、温度降下来，增加湿度。其次番茄根系生长的最佳温度是20～25℃。这时根系生长最旺盛。最后要注意定期防治虫害。夏季的时候，烟粉虱、白粉虱的繁殖系数非常高，我们可以在大棚里面挂防虫网，封口加防虫网，挂上黄板。另外，可定期地用一些钝化剂叶面肥，提高作物的抗性。

当番茄处于一个带毒不显症的状态，可以正常地开花坐果时，是允许的结果。

马倩：您看像这些番茄病毒病已经显症了，还可以防治吗？

专家：我们把番茄病毒病叫作植物的癌症，植物癌症一旦表现出症状后，就很难再恢复了。但是你可以看到这棵番茄，前期感染之后打顶，底下却还长得很好，因为红黄曲叶病毒病是烟粉虱传播的。

另外一个病毒病，我们叫褐色皱纹果，这个病毒病也是比较重的，如果它发生在果实上，基本上就没有任何的商品价值了。

刚才我们也讲了病毒病就是癌症，只能去防，却治不了，所以提前预防很重要，而且病毒病是在高温干旱的季节，通常在夏季与秋季容易发生。其实预防病毒病最好的途径，首先选一个抗病的品种。另外，种苗健康不带病毒，这点非常关键。一定要培育没有病毒的种苗，如果种苗带病毒的话，就很麻烦，所以我们的育苗场一定要在种子消毒方面控制好。

马倩：病毒病的发生对农民朋友的收益带来哪些影响？

专家：影响产量，所以在夏季、秋季时，应该把病毒病的防控作为一个重点，而且防是重中之重。

马倩：防比治更重要。

专家：对，因为很难治，所以一定要防。最关键的是我们的种植户能不能一一落实到位。

马倩：还有其他的病虫害对番茄的产量有影响吗？

专家：秋季比较容易发生灰叶斑，灰叶斑病害也是因为高温、高湿引起的，在秋季和夏季容易发生。高温只是天气状况，高湿是因为农户在大棚里浇水过多，造成棚里湿度加大，给一些喜欢湿度的病害创造了条件。在秋季、夏季种植的时候，大棚里边要通透一些，密度不能太大。

马倩：侯老师，您看这个品种像灯笼一样的，黄的、青的、红的真的太吸引人了，这个是什么新品种？

专家：这是鸡心形的小番茄，果实形状像鸡心一样。3号番茄大棚是无公害的，选用熊蜂授粉技术，熊蜂对化学药物非常敏感，棚内只要有熊蜂存活，说明棚内用药就非常少。

马倩：侯老师，介绍一下您认为选育的非常满意的品种吧？

专家：农科7号，这个品种也是专家推荐过的品种。我们首先看外观，它抗病毒病。普罗旺斯发病比较重，农科7号品种里边一棵也没有，叶片也是绿油油的，很健康。另外一个它比较整齐，果实大小、植株的长势比较整齐，整齐度、均匀性都是一样的。另外果实坐果率也比较高，每一穗果有3～4个，果形比较周正，果实也比较大，最主要的是它的口感好。

马倩：剑非姐，我们摘一颗替农民朋友尝尝口感。

王剑非：酸甜可口，瓤起沙，确实有小时候吃过的番茄味道。

专家：这品种酸甜可口，果实的外形也很好，平均在150克，是一个非常好的口感番茄。

马倩：口感番茄选育情况怎么样？

专家：我自己还比较满意，品种都表现得很不错。剑非也知道我们院很重视成果转化与推广的工作，我们团队也希望尽快把好品种转化出去，让好的品种在生产上发挥作用，让农户种上好的番茄，消费者都能吃上好吃的番茄。

马倩：这是您满意的作品之一，咱们再转转看看其他的品种。

专家：我们选育的小番茄也很好。每个品种都像自己的孩子。这一个白色番茄品种是番小白。

马倩：乳白色的小番茄在市场上好像不常见。

专家：现在市面上也有乳白色的小番茄，好多公司或者是科研单位都在选育，但个人感觉还是我们选育的品质与抗性好。你俩看，这一整串儿的形状像葡萄一样漂亮，萼片长、叶子深绿，抗病性好，产量也很高。

马倩：果实最后会长成黄色还是乳白色？

专家：乳白色。

马倩：好的，今天我们在侯老师的番茄大棚见识这么多的新品种。我想再请教一下侯老师，就番茄在全国蔬菜种植面积与产量来说，目前是一个什么状况？山东又是什么状况，请给我们普及一下科学知识。

专家：番茄它是一个世界性作物，栽培面积非常大。番茄在山东的设施蔬菜播种面积排名第一。以前山东种植的黄瓜面积也不小，但从2017年开始，番茄在设施蔬菜里的播种面积已经超过了黄瓜。山东的番茄播种面积大概稳定在200万亩，平均亩产量在2万斤。近几年番茄的价格也比较稳定，因为番茄是适应性比较强的一个作物，所以基本上每个园区都有种植番茄，种植者比较多，消费者也比较喜食番茄这个蔬菜水果兼用的作物。

马倩：应该说家家户户的餐桌上都会出现番茄，是吧？番茄炒蛋、番茄汁、番茄酱都是我们日常食用的。那么在选择品种和育苗方面，农民朋友需要注意哪些方面？

专家：选择种植番茄的品种很重要，现在番茄的品种、类型都很多，特别近几年出来的口感番茄，有黄色的、白色的、绿色的番茄等。我感觉一定要根据消费情况、销售渠道去选择品种，例如要根据当地的行情去选择种植番茄，如果当地有比较好的水果番茄销路的话，那么选择种植水果番茄效益会很好，如果当地菜番茄有市场的话，那就选择种菜番茄。

马倩：番茄的品种跟咱们的区域有关系吗？比如说我这方水土就种这个品种比较好，有没有这个说法呢？

专家：番茄适应性比较广，现在国外的品种拿到我们国内种植，它的适应性也非常好，但是区域性比较强。如果这个地方习惯种植小番茄了，那就选择种小番茄，要是再种个大番茄，还可能真卖不了，因为这个市场它没有。好多黄果番茄、绿色番茄等小众作物，如果在当地没有市场，没有消费的话，那就最好选择种植其他的品种。

马倩：所以还是要看市场需求和推广的情况，选择种植的番茄要符合当地受众的一个需求，这一点儿很重要。另外，在育苗方面，容易出现的问题是什么呢？

专家：番茄、茄子、辣椒、黄瓜、丝瓜、苦瓜现在都开始在做育苗。老百姓一定要选择大型育苗场的苗，农户一定不要自己育苗，可以选择买苗或者让育苗厂代育苗都可以。近几年在病毒病等病害比较多的情况下，更应该选择去正规的大型苗场去育苗。大型育苗场对种子的处理都是比较严格的，像播种前的高温消毒、药物消毒等都会按照标准化流程操作。

育苗场会把一些传染病害在播种前就处理干净了，选育出健康的种苗，所以我们一定要选择大型育苗场去育种。如果自己有独特的品种，也可以让育苗场代育，让育苗场把种子进行处理后再育种，特别是大型育苗场，他们的各种管理措施都很到位。

马倩：农民朋友在番茄种植管理方面都很有经验了，对吗？

专家：是的，前段时间去济阳调研的时候，老百姓说现在种菜就很放心，要苗有苗，要市场有市场，我问老百姓还有什么其他的问题吗？他们说没什么问题，就是感觉稍微累点，我们听了特别高兴。

马倩：番茄产业在山东是一个非常完整的蔬菜产业链条。这个产业链条是比较顺畅的，如果让您给农民朋友推荐几个品种，有什么好的品种吗？

专家：番茄不像粮食作物，粮食作物品种需要通过审定。而番茄是一个登记作物，不强制审定，所以同一个品种多个名字的现象非常普遍。如果我推荐去买什么品种，农民朋友可能真不一定能买到，所以我就不推荐了，但是我觉得大型育苗场对选择品种这一块儿还是严控把关的，可以放心从大型育苗场选择品种。

马倩：农民朋友还想咨询一下番茄优势生产区域、栽培模式与上市季节。

专家：番茄是一个世界性作物，全国蔬菜看山东，山东蔬菜看寿光。我们有三大菜园，西有莘县，南有兰陵，北有寿光，在这些优势产区里边都可以种植番茄。据统计，山东的潍坊、德州、聊城，这3个地方番茄的播种面积都是最大的。以地市为单位的是潍坊、聊城、德州这3个地方优势产区，以县为单位的是禹城、齐河、海阳、费县这4个优势产区，播种面积都超过了3万亩，这几个县也是山东重要的番茄产区。

王剑非：听侯老师讲解后，感觉山东的番茄种植是从山区到了平原，从海边又回到了平原，在山东涉及的面积很广泛。

专家：番茄的适应性也比较强，温室、拱棚以及带棉被的小拱棚都可以种植，所以山东省一年可以有10个月通过日光温室、大拱棚以及带棉被的小拱棚这几种设施的模式搭配种植。只有7—8月这两个月的番茄大部分是从东三省、内蒙古、甘肃、宁夏运输来的。

马倩：侯老师，今天早上我们来采访您，了解到您每天一早都要到试验基地去转一转，您都是去基地做哪些工作呢？

专家：我感觉番茄就跟自己的孩子是一样的，每天看上一眼，我们就放心了。首先我们要巡棚，其实番茄种植户也需要每天巡棚，就是每天把这个棚儿先走一遍，看看有没有什么特殊病害发生，像有的是烂叶落果、不坐花不坐果等，我们每天都要去看一遍，有异常情况及时处理。

马倩：您觉得农民朋友遇到最多的问题是什么？您解决的最多问题是什么？他们最担忧的是什么？您能否在这里统一给大家来解答一下。

专家：我们山东菜农的种植水平还是挺高的，他们对番茄防病，对种苗选择等方面都很用心。他们最关心的还是市场的价格与病毒病两个方面的问题。刚才我说有种苗场、有市场销售等问题，还有一个就是劳动力的问题，随着种植户的年龄趋向老龄化，60～70岁再做重体力活就稍微有点儿吃力，根据现状，国家也开始发展机械化种植。我们的番茄体系首席也说过，“十三五”之前我们已经把蔬菜的品种基本解决了，黄瓜、番茄可选择的品种都非常多，也非常优秀。从“十四五”开始，我们农业的重点就要往机械化轻简化发展并解放劳动力。2023年也是我们一个设施改造年，开始把老旧设施推倒，重建又高又大、又宽又长的新设施，建这些设施的目的就是把机械引到设施里边，减轻劳动力。

马倩：我们可以对番茄进行番茄汁、番茄酱的深加工，因为大家对番茄都特别喜欢，生的、熟的酱汁感觉对身体健康方面也有很大的好处。

专家：是的，番茄是一个非常有营养的蔬菜水果兼用的类型，也适合做深加工产业。

马倩：那么接下来，侯老师再给我们介绍几款3号棚里好吃的品种，我们去替大家尝一尝味道。

专家：好的，我们先看这个农科10号。从番茄整体看抗病性非常好，坐果比较整齐，而且口感也很不错，你们可以去放心地尝。口感番茄外观比较光滑干净，长得很标准，单果重在150克左右，带青果尖绿。

因为我现在主攻的研究方向是口感番茄和小番茄，第一位是番茄的口感和品质，第二位是抗病性一定要好，第三位是产量。排序是品质、抗病、产量。这块区域种植的是农科14号——番小白，在这个园区内连续种植三年了。

马倩：番小白看上去跟白色的玛瑙一样，颜色很独特。市场上现在有卖白色番茄的吗？

专家：市场上现在也可以看到几个白色小番茄品种，我们的番小白品质和抗性以及产量都是比较好的，含糖量也在9度以上，不裂果，抗性好，产量高，颜色比较独特，晶莹剔透，像乳白色的象牙一样。另外，我们还在3号棚里种植了美小红小番茄，美小红的口感很好。

马倩：美小红这名字听起来就非常诱惑，我们去品尝一下。

专家：3号展示大棚里都是熊蜂授粉的番茄，美小红是椭圆形的，甜度高，也是我们推荐的一个漂亮品种。

马倩：美小红很甜，漂亮又好吃。最后请您谈谈未来番茄的一个发展趋势，或者说是品种的一个发展趋势。

专家：菜番茄还是一个种植的主流类型，在市场上还是很受欢迎的。口感番茄，说的就是品质番茄，因为人们在吃饱了的情况下，讲究好吃，吃得营养又健康，近几年来口感番茄的需求量越来越大。

马倩：口感番茄和普通菜番茄的营养有什么区别吗？还是只有口感上的区别？

专家：口感上有区别，我们也做了营养分析，像维生素C的含量、糖的含量、酸的含量都比普通番茄要高，味道也好。口感番茄的产量相对低一点，价格就要提高一些，有时候市场价格一高，有些消费者可能会接受不了，但是我感觉口感番茄还是一个将来的发展趋势，园区适合种植，它的效益还是很高的。

马倩：其实稍微贵一点，倒不是说多么介意，人们现在就是想吃得健康，吃得好。

专家：因为现在口感番茄产量稍微低一点，每亩在8 000～10 000斤，可能会比普通番茄要少个1/3左右的产量。我们以后的育种目标也是想往产量方面发展，既好吃又高产，这样会更好一些。我们也希望口感番茄能达到10 000～12 000斤的产量。

马倩：朋友们，病虫害防治是番茄种植管理过程当中必须要面对的难题，刚才侯老师也讲到了，通过做好基础管理工作，采取物理防治措施、生物防治措施以及定期检查和处理病虫害，可以有效保护番茄，从而获得更好的产量和质量。同时我们也需要注意环境保护，选择合适的防治措施，避免对环境和人体造成危害。好了，朋友们，今天的《田间课堂》就到这里了，非常感谢山东省农业科学院的支持，期待下一期的到来。再次感谢专家们。

剑非：我是山东省农业科学院农业信息与经济研究所的王剑非。

马倩：我是山东广播电视台节目主持人马倩，剑非姐，咱们下一期再见。

多彩的番茄直播节目工作照

第二节　番茄生产管理小知识

番茄易发生且为害较重的病害

真菌病害：茎基腐病、叶霉病、灰霉病、根腐病、灰叶斑病、晚疫病。

细菌病害：溃疡病、软腐病、斑点病。

病毒病：黄化曲叶病毒病、番茄花叶病毒病、番茄褪绿病毒病。

生理病害：脐腐病、畸形果、裂果、空洞果。

虫害：烟粉虱、白粉虱、根结线虫。

番茄主要生理病害形成原因

裂果：品种；浇水不均匀，土壤忽干忽湿；高温、强光。

畸形果：苗期低温；蘸花激素浓度高；陈旧种子。

空洞果：光照不足；授粉受精障碍；氮肥过多；肥、水等供应不足。

脐腐病：缺钙；土壤干旱；土壤肥力、保水性差；土壤盐分大等。

番茄茎基腐病预防措施

番茄7—9月及10月上旬定植缓苗期易发生。缓苗后，发病减轻。预防措施如下。

一是土壤消毒，使用棉隆、石灰氮、威百亩、生石灰、多菌灵、敌克松等。

二是集中蘸苗盘，药液漫过茎基部，放置3小时以上定植。

三是提苗提头，深栽浅埋。

四是晚扣地膜。

五是中耕划锄时不能伤害根系及茎基部。

六是及早发现并拔除病株，局部用生石灰、多菌灵等消毒后，补苗。

七是百菌清、甲基立枯磷、甲基硫菌灵、井冈霉素、噁霉灵等喷洒茎基部。

八是滴灌。

番茄病毒病防治

传播途径有种子带毒、种苗带毒，接触传播（打杈、打叶、浇水、蘸花等人为传播），蚜虫、粉虱传播。防治措施如下。

一是选用抗病品种。

二是培育无病毒壮苗。种子消毒；育苗环境密闭，悬挂40目以上防虫网，悬挂黄板，定期杀虫；喷施叶面肥，提高植株抗性。

三是栽培大棚用甲醛、高锰酸钾消毒；上下风口、门口覆盖40目以上的防虫网，悬挂黄板等。

四是定期杀虫。杀虫剂如吡虫啉、啶虫脒、阿维菌素、阿克泰、溴氰菊酯等。水剂、烟雾剂交替使用。

五是发现病株及时拔除，用肥皂洗手；深埋或焚烧病株。

六是定期喷施S-诱抗素、甲壳素、氨基寡糖素、碧护等提高植株抗性。

七是定期喷洒宁南霉素、嘧肽霉素、盐酸吗啉胍、吗胍乙酸铜、植病灵、病毒A、香菇多糖等病毒钝化药物。

番茄病虫害综合防控

一是选用抗病品种。

二是水淹大棚、高温药剂闷棚。

三是土壤消，使用棉隆、石灰氮、福气多、阿维菌素等。

四是应用秸秆反应堆、有机质无土栽培技术。

五是嫁接。

六是轮作。

七是伴生栽培。

团队在东营盐碱地合影留念

（从左到右：王功卿　高　炜　王剑非　马　倩）

项目获评为“2023年度山东省数字化赋能乡村振兴优秀案例”
项目主持人领奖照片（左二）

2024年1月18日，由山东省农业农村厅（山东省乡村振兴局）、山东社会科学院指导，山东省乡村振兴研究会主办，山东社会科学院农村发展研究所、山东文旅集团、齐鲁晚报·齐鲁壹点承办的“全面推进乡村振兴加快建设农业强省”研讨会暨2023年度山东省数字化赋能乡村振兴优秀案例颁奖活动在济南举行。

项目主持人报送的“山东省农业科学院科技赋能乡村振兴融媒体田间课堂”案例，从全省1 000余个案例评选中脱颖而出，获评为“2023年度山东省数字化赋能乡村振兴优秀案例”，在山东省10个乡村振兴数字化案例中位列第一。

后　记

盐碱地改良工程于2020年被纳入山东省农业科学院重点攻关项目，山东省农业科学院派出不同的学科团队、大量的科研人员重点攻克盐碱地综合利用，解决盐碱地粮食安全问题。2023年中央一号文件继续强调，持续推动由主要治理盐碱地适应作物向更多选育耐盐碱植物适应盐碱地转变，做好盐碱地等耕地后备资源综合开发利用试点。

我国盐碱地面积大、类型多、分布广，是全球第三大盐碱地分布国家，开展盐碱地综合利用，“唤醒”盐碱地这一“沉睡”的资源对保障国家粮食安全、端牢中国饭碗具有重要战略意义。“春天白茫茫，夏天雨汪汪，十年九不收”。这是过去农谚里对黄河三角洲盐碱田的形象描述。经过山东省农业科学院专家、团队三年的科技攻关，过去贫瘠的黄河三角洲不毛之地的盐碱滩通过科学的土壤改良，大豆、玉米、水稻等粮食作物都在这片土地上实现了高产、稳产，在科技的加持下昔日“荒碱滩”正变为今朝“米粮川”。

基于盐碱地土壤改良、玉米、水稻、大豆这4个农业领域的科学研究并取得的可复制、可推广的科研成果，山东省农业科学院联合山东省广播电视台充分利用融媒体数字技术面向山东农业龙头企业、职业农民进行技术培训与推广，让农民朋友从小小的手机里，就可以足不出户了解到盐碱地的新技术、新成果。

王剑非从事农业科研与推广工作26年，与山东广播电视台广播乡村频道合作十年，强强联手打造过23期《战疫情、战春耕12396线上课堂》《12396科技热线》《舜耕科技一键帮》等系列品牌栏目。2019年主持山东省重点研发项目，2023年主持山东省科普示范工程项目。

2021年，王剑非顺利通过无人机笔试与实操考试。在获得民用无人机驾驶员资格证后，经常随身携带无人机到田间地头航拍农业大田不同季节的场景，后期制作短视频并宣传推广山东省农业科学院的大田作物新品种。2023年，在10期的融媒体数字视频项目直播培训中，更是充分利用无人机航拍技术，展示玉米、水稻、谷子、果蔬等大田作物长势，让山东的农民朋友们更直观了解到好品种、好技术，为实现粮食、果蔬丰产增效提供科技支撑。

王剑非带领省级融媒体团队，对盐碱地热点问题做了土壤改良、玉米、水稻、大豆等专题融媒体田间课堂培训，针对山东的粮食作物，做了小麦、谷子栽培技术主题培训，针对果蔬植保栽培管理，做了博山猕猴桃、曲阜阳光玫瑰葡萄以及番茄熊蜂生物技术培训。

融媒体科普数字视频田间课堂，从沃土良田到盐碱地以点、线、面的形式，贯穿山东广袤大地。融媒体科普数字视频培训在山东广播电视台农科频道播出后，受众累计达到86.31万人次，社会影响力较大，得到山东广大职业农民的好评。

山东省农业科学院的农业专家们常年奋战在科研一线，在自己的科研岗位上兢兢业业地工作，他们热爱自己的专业，在学术领域取得丰硕的成果，农业专家就是一道道靓丽的科技之光，是他们打通了农业科技推广的“最后一公里”，带给山东农民朋友丰收的喜悦，为山东的大农业快速提质增效做出了巨大贡献。